我没那么好，也没那么糟

丛非从 著

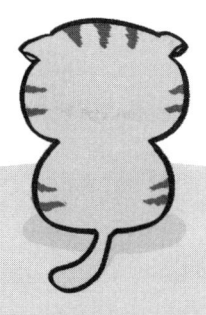

浙江人民出版社

图书在版编目（CIP）数据

我没那么好，也没那么糟 / 丛非从著. — 杭州：浙江人民出版社，2024.5
　ISBN 978-7-213-11291-1

Ⅰ. ①我… Ⅱ. ①丛… Ⅲ. ①心理学—通俗读物 Ⅳ. ①B84-49

中国国家版本馆CIP数据核字（2023）第251250号

我没那么好，也没那么糟
WO MEI NAME HAO, YE MEI NAME ZAO

丛非从　著

出版发行：	浙江人民出版社（杭州市体育场路347号　邮编：310006）
	市场部电话：（0571）85061682　85176516
责任编辑：	陈　源
特约编辑：	朱子叶
营销编辑：	陈雯怡　张紫懿　陈芊如
责任校对：	姚建国
责任印务：	幸天骄
封面设计：	贾梦瑶
插画设计：	贾梦瑶
电脑制版：	北京之江文化传媒有限公司
印　　刷：	杭州广育多莉印刷有限公司
开　　本：880毫米×1230毫米　1/32	印　张：10
字　　数：190千字	插　页：1
版　　次：2024年5月第1版	印　次：2024年5月第1次印刷
书　　号：ISBN 978-7-213-11291-1	
定　　价：58.00元	

如发现印装质量问题，影响阅读，请与市场部联系调换。

自　序

我是2007年进入大学读心理学的，大三的时候开始在学校接待心理咨询者。2014年，读完了7年的心理学课程后顺利毕业，然后在社会上开设心理学的课程，并接待心理咨询者，一直到今天，我还在重复做那时候的工作。

我接的第一个咨询，是当时一个大一的学生，因为害怕室友成绩比自己好而来求助。那时候我也害怕，我怕我帮不到他，但我带着我的害怕去帮助了他的害怕。我已经不记得怎么帮他了，甚至不知道我是否有帮助到他。

毕业后我开始了"北漂"。我在社会上接的第一个付费咨询者，也是个学生。当时他跟我说是个研究生，问我接不接。我想我已经研究生毕业了，接个还在读研究生的，应该没什么问题吧。结果对方来了后，说他是博士研究生，因为心理强迫问题担心毕不了业。我在震惊中冒昧问了一句哪个学校，他说清华的。于是我在忐忑中假装经历过大世面，开始了我第一次的收费——表演。

从某个层面上来说，我很棒。不是每个心理学系的学生都可以在大三就接待咨询的,更不是谁都能在一个行业里扎根这么多年的。虽然"我很棒"是个道理,但我真正的体验是:我好像是个会忽悠、没什么能力的那种,我是不是在骗人,我一个"学渣"凭什么帮"学霸"……

这种感觉持续到今天也没有什么太明显的变化。晚上的时候膨胀,觉得自己真了不起。早上的时候枯萎,发现自己真起不了。

不同的是,我知道了这就是人生:会有起起伏伏的情绪,会有满脑飘逸的想法。生活会变来变去,情绪也是。

人有很多奇怪的情绪:愤怒、难过、焦虑、委屈、迷茫、孤独……就像是你筐子里的珍珠,多巴胺色系,特别好看。去观察它的时候,你会发现情绪是人独有的浪漫。沉浸在烦恼里,你就像溺水一样难受;跳出烦恼来,你就像是在戏水一样有趣。

多数时候人之所以烦恼,是因为掉进了某个可爱的极端:觉得这就是自己的全部了,或者这就是人生的全部了。

实际上人生变来变去,你还没有摸着变的规律是什么。你的未来有无数条路可以走,你的丰富度和可能性远超你的想象。

这十多年,我爱上了思考烦恼,喜欢思考自己的,也喜欢思考别人的。如果有人跟我说,他买了个什么好东西,我没兴趣。但如果有人跟我说,他有一个烦心事,我会马上邀请他快说说。

自序

我把这些思考和故事一篇篇记下来,于是有了一本本书,这本书就是其一。我想跟你分享的,是人生的一些可能性。并不是说我说的就是对的或好的,也不是说是错的或糟的,我想表达的只是一些可能性的视角,可能是你没有想过的一些视角。

本书名是《我没那么好,也没那么糟》,意思就是,不要用好或糟去定义你的种种,也不必如此去定义他人,而是用"可能性"去理解一个新的世界:

可能,那不一样呢?

可能,你跟你想的不一样呢?

可能,他跟你想的不一样呢?

可能,事跟你想的不一样呢?

可能,人生跟你想的不一样呢?

可能,未来跟你想的不一样呢?

可能一切都是没那么好,也没那么糟呢?

目录 CONTENTS

一　我没那么好，也没那么糟
001

003　我没那么好，也没那么糟
007　成为你自己，才能成为有趣的人
011　当你想要改变自己，你便值得被欣赏
016　什么时候要接纳自己的不完美
019　一个人最大的魅力，就是他的自我
026　什么是做自己
031　自我否定有什么好处
036　意识上自我嫌弃，潜意识里拒绝改变
041　你觉得我坏，我便可以更坏
046　难过可耻，但有用
051　走出急性子的焦虑陷阱
056　恐惧在提醒你，其实你没有那么强大
061　害怕冲突，是个优点

我没那么好，也没那么糟

二 | 我需要付出，也需要回报
067

- 069 不情愿的爱
- 075 现实换现实，情感换情感
- 079 失控的在意：冷暴力
- 084 别人的抱怨，为何让你烦躁无力
- 091 不拒绝便不自由
- 096 为何选择性讨好
- 101 付出的陷阱
- 107 如何做一个不好惹的人
- 111 付出感是怎么伤害关系的
- 118 如果我爱自己，为何还要伴侣
- 124 关系中的冲突就是需要
- 129 关注和陪伴，有什么用
- 134 谁应该为关系付出努力
- 141 影响伴侣，从自我成长开始
- 145 习惯性地包揽责任
- 148 如何保持界限，不为别人的情绪负责
- 151 求回应，得挫败
- 157 社交关系和亲密关系的不同
- 163 被拒绝，那又怎样？
- 169 妈妈，家庭中的人生导师
- 175 母爱与焦虑：透过焦虑看爱与成长

三 | 好好说话，好好倾听
179

181 家庭的语言：谁有情绪，谁胜利
186 当母亲的建议和抱怨，让你很烦
192 为什么有的人爱讲大道理
197 社交恐惧与勇气：楼上小孩带来的启示
202 被挑剔时该怎么办
207 陪伴的艺术：理解情绪，创造连接
214 聊得来才是被喜欢的答案，优秀不是
221 当你对一个人有情绪，如何表达更合适呢
224 讲道理并不能改变一个人
229 妈妈的愤怒：你要为我的余生负责
233 当你情绪失控，对他人造成了语言暴力
238 处理关系中的矛盾的第三种方案
244 陪伴是最好的疗愈：改变焦虑的正确方式

三 | 内在成长，外在收获
249

251 心智成熟的四种表现
257 提升外在或内在，能吸引异性吗

262 为你内心的冲动而活,就是快乐
269 快乐的三个层次:如何让自己拥有深度的快乐
274 抗挫折能力很差怎么办
279 无聊时刻的心理保卫战:专注力与刺激的博弈
285 洁癖和强迫症:隐藏的自我保护机制
287 价值感的四种提升方式
293 追求关注却害怕成为焦点
296 顺境和逆境,哪个更利于个人成长
301 想要的得不到,很痛苦该怎么办
306 其实你并不想要轻松的生活

一

我没那么好，也没那么糟

我没那么好,也没那么糟

1

当你觉得自己哪些方面不够好时,你可能想改变它。这是一种积极进取的态度,表明你有进步的意愿和能够达成目标的自信。也许你在嫌弃自己,但实际上你也在相信自己。毕竟,已经对自己失去信心的人才会放弃努力,而对自己仍抱有希望的人则在不断鞭策自己。

接受自己的不足,是改变自己的动力之一。

然而,自己的有些不足是不容易改变的。例如身高、相貌、某些性格特征等,虽然可以改变,但比较困难。如果你持续在意自己身上的不足,对自己来说将是一种内耗。

对于那些不容易改变、难以改变或者你不想改变的不足,我们该如何接受呢?

直接利用它就好了!世界上没有真正不好的东西,只有还没有被利用起来的东西。只要你懂得利用,敌人也可以成为自己进步的垫脚石，对方的攻击可以成为你反击的助力。你身上的不足也是如此，当你学会利用自己的不足，它就不再那么不足了。

2

自己身上的不足实际上有很多好处。其中之一是，它是一种与他人建立联系的方式。

许多人认为"只有足够优秀才会被人喜欢"，但实际上"优秀"和"被喜欢"之间并没有因果关系：优秀可能会被人喜欢，但不代表不优秀就不会被人喜欢。就像小时候常听到的"世上只有妈妈好"，母亲确实很好，但只有妈妈好吗？哥哥姐姐、爸爸、外公外婆、爷爷奶奶、朋友、老师，他们都不好吗？你不能因为妈妈好，就否定其他人的好。

优秀会被人喜欢，但只有优秀才会被喜欢吗？有缺点就不配被喜欢吗？平凡就不配被喜欢吗？那么，不够优秀的人这么多，难道都注定孤独一生吗？

显然不是。事实上，正是因为有缺点，才会被人喜欢。当你讲述自己的不足时，会给人一种亲近感。

举个例子，我曾觉得自己的牙齿长得特别不好，这让我很自卑。以前，我拍照时都不愿意笑，只会抿嘴。我认为嘴丑意味着不够优秀，不会被人喜欢，我担心别人会嘲笑我的牙齿。

你或许会认为我想得太多了，但事实证明并非如此。后来我开始直播上镜，有位同学说："这个老师的牙齿太难看了，建议你整牙，这样直播效果会更好。"起初我感到非常羞愧，甚至想闭着嘴讲课，并为此感到非常难过。

然而，当我与自己的牙齿和解后，我可以坦然地谈论它了。是的！我的牙齿长得不整齐，有时我也不太喜欢，但对此无能为力。我也很羡慕那些牙齿整齐的人，他们真的很棒。

这时候，反而有很多人愿意安慰我说："没关系呀，你其他地方都很好呀。我觉得你的牙齿并不难看，小虎牙还挺可爱的。"还有人愿意给我一些建议，比如可以考虑用什么方式整牙齿。

这让我感到：我的缺点也许不被所有人喜欢，但作为一个有缺点的人，我依然值得被喜欢。

当我谈论自己的优点时，人们会说："你真棒！"而当我谈论自己的缺点时，他们会说："没关系。"相比之下，后者让我感到更轻松、愉悦，我也更喜欢与那些能让我感到轻松、愉悦的人多交流互动。

3

当你不能接纳自己的缺点时，你就好像戴上了一个面具，隐藏起不好的一面，只展示自己的优点。这样的你，即使在其他方面再出色，与他人之间仍然保持着一种距离。

我曾因为不喜欢展露牙齿而不爱大笑。在很长一段时间里，别人认为我冷漠、难以相处。多年后，当我回顾那些年的照片时，我真切感受到自己看起来确实冷漠、不易相处。不仅外观上冷漠，还有一种从内心散发出来的不快乐，让人感到不舒服。现在回想起来，我意识到那时的我不喜欢自己。

当你开始谈论自己的缺点时，你塑造了一个亲近感十足的形象，让别人觉得你是可以靠近的。

或许有些人真的讨厌你身上的缺点，但这给不介意的人一个靠近你的机会。如果你始终戴着"优秀"的面具隐藏自己的不足，确实会赢得很多人的赞赏，但如果你坦诚地展示自己的缺点，你将会被一些人亲近。你是喜欢被所有人远远地喜欢，还是愿意与一些人建立亲密关系并被他们喜欢呢？

你并不完美，这没有关系，你还可以感激自己身上的这些缺点。因为你不完美，所以你才是正常的。裂痕是光线进入的通道，不好的一面是人与人产生联系的桥梁。

所以，请告诉自己，"我没那么好，也没那么糟"。

一 我没那么好，也没那么糟

成为你自己，才能成为有趣的人

1

有位同学说："我有一种感觉，总觉得别人跟我在一起时，他们认为我很无趣。他们可以和任何一个人玩得很好、聊得很好，可一旦开始跟我说话，他们的语气就变得平淡，他们好像没有交谈的欲望，我很不喜欢这种感觉。我也想去表达，也想别人觉得我很有趣，可是我不知道该如何说话才能让大家觉得我不那么平淡无味。我真的好难过。"

从表面上看，这位同学希望自己变得有趣。背后真正的动机可能是渴望被他人喜欢。

因为有趣的人往往讨人喜欢。我们经常羡慕和喜欢身边那些能讲故事、讲笑话、幽默有趣的人。

所以，你看到的是你厌恶自己的无趣，我看到的是你渴望被别人喜欢。虽然让自己变得有趣可以获得他人的喜欢，但这是一个不太容易在短时间内改变的事情。也许我们可以从其他角度思考，如何通过其他方式来获得他人的喜欢，而不仅仅局限于有趣。

2

也许，无趣并不意味着不被人喜欢。一个人是由多个特质组成的，某个特质不被喜欢，并不代表他的所有特质都不被喜欢。

有的人因为有趣而受人喜欢，有的人因为认真而受人喜欢，有的人因为真诚而受人喜欢。同样，你也会因为你自身的特点而受到身边人的喜欢。

有趣只是人的特点之一。有的人擅长有趣，就像有的人擅长弹钢琴一样，只是擅长的领域不同。一个人不可能具备所有好的特质，但人可以通过自己好的特质来被人喜欢。有趣只是之一，不是全部。

因此，你可以找到被别人喜欢的特质，而不仅仅局限于有趣与否。当你发现自己本身已经受到他人的喜欢时，有趣与否还那么重要吗？

为什么非要通过有趣来获得别人的喜欢呢？

与其努力改变无趣这个短板，不如转身发挥自己的长板，更容易被人喜欢。

3

喜欢的标志是什么呢？

与人相处愉快、玩得开心、交流顺畅，这些都是被他人喜欢的标志。那么，它的反面：说话平淡、没有交谈的欲望、不爱说话，是否意味着不会被人喜欢呢？

交流顺畅是一种喜欢他人的标志，愿意在困难时帮助别人也是一种喜欢他人的标志，陪伴是一种喜欢他人的标志，接纳是一种喜欢他人的标志，尊重是一种喜欢他人的标志，不打扰是一种喜欢他人的标志，安慰也是一种喜欢他人的标志。

两个人之间沉默无言只是因为双方的性格、兴趣爱好等原因导致的尴尬，并不意味着谁不被喜欢。我有一些好朋友就是如此，平时很少联系，也没有太多共同话题，但当我需要他们的时候，他们总是伸出援助之手。这是一件令人温暖的事情。

因此，你可以找到许多被他人喜欢的特质，不仅仅局限于有趣的交谈。有趣，或许是小孩子感知到自己被喜欢的方式，但作为成年人，你可以拥有更加丰富的互动方式。

4

无趣的人,从来都不会注定孤单,只要他肯去发现自己一直是被爱着的。

相反,不喜欢自己的人,看不到自己闪光点的人,才会把别人的喜欢一并拒绝掉,只看到自己身上的短板,陷入自怨自艾中,然后体会到孤单。你都不喜欢自己,你怎么能发现别人对你的喜欢呢?

所以,你需要看见自己,发现自己的价值所在。发现自己的价值的过程,其实就是做自己的过程。能够做自己,首先就是去相信这样的自己,本来就是值得被人喜欢的。这样的人,本身也是有趣的。

所以,最后我们也找到了如何成为有趣的人的方法:成为你自己,而不是你羡慕的别人。能做自己的人,就是有趣的人。

当你想要改变自己,你便值得被欣赏

1

在许多人的生活中,他们常常充满自我嫌弃、自我否定、自我批评。他们不喜欢这样的自己,感到非常痛苦,并寻求帮助。作为一名心理工作者,我通常会说的第一句话是:"当你嫌弃自己时,我看到的是你渴望改变自己的愿望。这是你非常勇敢的一面。"

改变是逆流而上的过程,需要付出能量。而拥有想要改变自己的勇气是非常不容易的。在这种情况下,我首先会帮助他们重新定义自己,找到改变的动力。当一个人找到改变的动力时,他会想出许多方法来帮助自己变得更好。然而,当一个人的能量低落时,再多的方法也只是摆设而已。

你需要换个视角重新审视自己。关于如何改变自己,你需要知道的第一件事是:你真的很棒!

当你觉得自己不够好想改变自己或自卑时,这实际上是因为你真的很棒。我并不是单纯地想要安慰你,我有很多证据可以证明,当你嫌弃自己时,你真的很出色。

你要知道的第一件事是,你非常勇敢。"想要改变我自己"和"讨厌我自己"之间的内在能量是完全不同的。

2

你需要知道的第二件事是:你是一个有主见的人。

你知道自己想要什么,知道自己对什么有兴趣,知道自己在乎什么,知道自己为何而活。

当你因为自己的个性而自卑时,这意味着你是一个关注个性的人;当你因为不够出色而自卑时,这意味着你是一个关注出色的人。尽管你暂时还没有实现自己的目标,但这些都是你关注的方面,你想为之努力。

一个对自己有清晰认识的人,一个坚持自己的人,是一个有主见的人。

我的内心有所爱和执着,这难道不是一种幸福吗?谁说幸福只是得到,有所关心和在乎本身,不也是一种幸福吗?

如今,许多人感到困惑,不知道自己想要什么,不知道自己为何而活,找不到生活的意义,感到空虚和迷茫。然而,一个能够感受到自己不够好的人,一个正在自我嫌弃的人,正在展现他内心的追求和热爱。

当你知道自己想要什么时,你只需要找到方法来实现,你的人生就会充满意义。因为你知道如何让自己快乐，你知道如何取悦自己。

一个人怎样可以获得幸福？其实只有两步：

1. 知道自己想要什么。
2. 为自己想要的东西而努力。

恭喜你，你已经完成了第一步。这难道不是一件值得开心和骄傲的事情吗？

3

你需要知道的第三件事是：你没有放弃自己。

什么样的人会自卑呢？只有那些想要改变的人才会感到自卑，放弃自己的人从不会自卑。

自我改变，实际上是人们想要变得更好的一种方式。一个人会通过不断否定、批评自己来积极地改变自己，让自己变得更好。

人并不是喜欢自我批评，而是认为多自我批评会让自己变得更好。

通常情况下，这的确是有效的。而且你的经历也多次告诉你，被批评确实能让你变好。你会发现在你成长的过程中，改变的方式就是通过被批评。当你的父母批评了你，你就会改正自己，有动力去学习。很多人在备战考研或高考时，也会请求别人来监督自己。许多人的屏幕保护都是在批评自己:"快去学习!看什么看!"还有很多人在网上请求别人批评自己,甚至会在线等待。

尽管批评并不总是有效,但在那个时刻,你会认为它是有效的,所以你选择通过自我批评来积极地改变自己。

因此,当一个人自我嫌弃时,我们看到的是:他有一个愿望,一个强烈地想要改变自己的愿望,他选择通过自我批评的方式来积极地改变,他从未放弃自己。

想要自我改变的人,对未来的自己充满了希望。希望本身就是美好的。

之前说过,实现幸福的两个步骤,你不仅已经完成了第一步,而且通过自我否定、自我批评的方式在进行第二步。尽管这种方式可能不太恰当,但你需要的是寻找一种更好的方法来实现目标,比如"欣赏自己"。

4

我想以另一种方式来表述"自我嫌弃":我内心有热爱和追求,我正在为我的热爱而努力。

你已经非常出色了,而且你可以变得更加优秀。你想要改变,不是因为你差劲,而是因为你想要实现内心的热爱。

当你有想要改变自己的愿望时,你需要做的第一步是欣赏自己。我们太习惯于用否定自己来改变自己,而忽视了欣赏自己同样能够带来改变。

一　我没那么好，也没那么糟

　　自我欣赏对你来说可能很陌生，可能听起来像不给你提供勺子的鸡汤。但你永远要记住：欣赏自己，不会错。

　　有些人可能会质疑，为什么要改变自己？难道不能接受自己吗？如果能变得更好，为什么不去追求呢？

什么时候要接纳自己的不完美

1

我们经常说要接纳自己的不完美,但这是否意味着我们应该接受自己的平庸并停止改变呢?难道我们只应该躺平吗?

将一切不完美都视为应该接纳是一种极端观点,而将一切不喜欢的地方都进行改变则是另一种极端观点。对于接纳与改变的问题,我的态度是:

改变那些能够改变的,接纳那些不能改变的。

对于一个不喜欢自己肥胖的人来说,不去减肥是一种自虐行为;而一个不满意自己身高的成年人去努力增高也是自虐行为。不去做可以改变的事情是一种自虐,而强行去做那些无法做到的事情也是自虐。

当我们谈论接纳时,必须基于一个前提:这件事情无法或者无须再改变。

2

父母、伴侣、同事的性格，自己的身高、性格等，是否可以改变，这取决于你的认知。如果你认为还有改变的余地，那么你不需要接纳，你可以尝试去做出改变。当你开始觉得某些事情无法改变时，那么你可以接纳。

有些人坚信伴侣的性格仍然可以改变，所以他们不断努力；而有些人相信不能改变了，因此他们及时接纳并调整了自己的期望。

有些人相信熊孩子还有可塑的潜力，他们竭尽全力去改变；而有些人相信命运就是给了自己这样一个孩子，他们及时做出了适应。

能否改变并不是一种固定的认知。在你认为还有改变的可能时，你可以去改变；而在你认为无法改变的情况下，你可以接纳。强求，是偏执的表现。

3

有人可能会有这样的疑问：如果你不努力尝试，你怎么知道能够改变？如果你不全力以赴，你怎么知道能够得到结果？

我们应该如何判断能否改变呢？

如果你坚持较真，只要你付出足够多的努力，有些事情的确是可以改变的。然而，你所付出的代价很可能超出你所能承受的范围。

例如，有些人不满意自己的本科学历，难道他们应该花费6年的时间去攻读硕士和博士学位吗？这需要当事人自己权衡付出和收益。

你当然可以进行改变，但如果改变对你来说不值得或代价过高，那么接纳不完美的自己就是更好的选择。

接纳自己的不完美取决于实际情况：你认为是否可以改变，你认为是否值得改变。对于你认为可以改变且值得改变的事情，你不需要接纳，而是努力改变成为更好的自己。不需要听从他人的言论。

一 我没那么好，也没那么糟

一个人最大的魅力，就是他的自我

1

在我们的课堂里，我经常听到关于感情的痛苦情绪，他们会抱怨对方自私、控制欲强。

D同学觉得她的丈夫特别自私，原因之一是："我们约好了国庆假期一起去九寨沟玩。可是临近的时候，他突然说他不想去了。我计划了这么久，他怎么能说不去就不去了呢？他临时爽约已经不是一次两次了。我觉得他特别自私，一点都不考虑我的感受。"

E同学说："我来上心理课非常不容易，但我丈夫总是不支持我，说这种课程都是骗人的，还指责我乱花钱。无论我怎么和他解释，他都听不进去。我只是想去做我喜欢的事情而已。而且我并没有用他的钱，为什么他还要指责我呢？我觉得他的控制欲特别强，我不知道该如何与他相处了。"

实际上，这种控制不仅出现在伴侣身上，在与父母的关系中也常常存在。F同学这样说："我妈总是催我去相亲，但我真的不想去。婚姻是我自己的事情，她为什么总是要干涉呢？"

在工作坊中，我经常会遇到许多类似的关系模式：当他们想做自己喜欢的事情时，身边亲近的人却不支持。甚至不仅不支持，还会反过控制、指责和拖累他们。有时候，他们希望身边的人能陪伴自己去做某件事，但这个愿望显然是奢望。

这时，我会产生一种好奇心：你拥有自己的双腿，你经济独立，为什么别人可以控制你呢？

2

因为他们心中有一个默认条件：只有得到对方的同意，我才能去做；只有对方允许，我才能去做；只有对方支持，我才能去做。

然后，我会经常问他们：那你自己想要做吗？

你自己想去九寨沟吗？如果想，你可以自己去。你自己想上心理课吗？如果想，你可以自己花钱去上。你自己想去相亲吗？如果不想，你可以坚决不去。这是你个人的事情，为什么会因为对方不同意、指责或不支持，而放弃自己的想法呢？

他们会说："那我们就会吵架啊！"

生气是一个人的事，而吵架是两个人的事。他们最多只会感到不开心、不满意或发脾气，但一个人怎么会自己吵架呢？这时，你只需要想去做你自己的事情，你可以解释也可以不解释，你可以征求意见而非征求同意。你做不做是你的事，他生不生气是他的事。

他们会说："这简直不敢想象！那不就会伤害到对方了吗？那感情不就完了吗？"

对于 D、E、F 等同学来说，虽然自己的想法很重要，但他们也非常关心以下方面：对方的情绪状态如何，是否会受伤；我是否能得到感情上的满足；我们的关系是否和谐；对方是否会离开我。

因此，一旦他们想做的事情受到对方否定，他们就会去解释。他们希望通过解释获得对方的允许和支持，然后才能去做。在他们的想象中，只要解释清楚，得到对方的理解，他们就可以既不伤害关系，又可以做自己想做的事。

在很多时候，吵架都是为了追求和谐，只是实现和谐的方式是：只要你理解我，我们就和谐了。

3

对方的理解，有时候很难。当不被理解和支持的时候，有的人就会妥协。然而，妥协会导致委屈和不开心，毕竟，他们无法实现自己想做的事情。我把这种委屈的状态称为

"没有自我"。

妥协会带来委屈。妥协一次还好，但如果你经常妥协，你会幻想对方也会妥协，希望对方也放弃自我，补偿一下你所失去的自我。然而，对方很难像你一样为你妥协委屈自己，对方可能是个很有自我意识的人，他有自己的想法，他可以为了自己想做的事随时伤害关系，甚至牺牲关系。

D同学的丈夫不想去九寨沟了，他并非没有原则，相反，他很有原则。他的原则是"随心所欲"，按照自己的感觉行事。他那一刻选择了自己，而没有选择关系。

E同学的丈夫不希望妻子去上心理课，他勇敢地坚持自己的观点。你可以认为他在控制和侵犯对方，但对他来说，阻止妻子乱花钱更重要，他选择了自己更看重的事情，而不是关系。

一个人如何拥有自我呢？他知道自己想要什么，知道自己更重视什么，愿意为了自己更看重的事情做出选择和牺牲，并对自己的选择负责。这就是成熟和有自我意识的人生。

对于关系中的对方来说，他有时候选择了更重要的是自己，而不是关系。他选择了满足自己，而不是满足你，这会让你感愤怒和委屈。因为你失去了自我，无法坚持自己的想法，只好把坚持的权利让给了对方。这时，你就允许对方伤害你了。

4

你需要知道,什么对你来说更重要。

如果你觉得那一刻感情更重要,你可以选择妥协。你可以放弃自己想做的事,陪伴他去做他喜欢的事,这样你就能得到关系的满足。

对于D同学来说,她可以放弃九寨沟,在家陪丈夫。对于E同学来说,她可以不去上心理课,与丈夫一起省钱。对于F同学来说,她可以放弃自己的意愿,去见妈妈介绍的相亲对象。

这样虽然放弃了自己喜欢的事,却得到了自己更在乎的关系和感情。这就是为了自己更看重的东西做出的妥协,而不是为了对方做出的妥协,因此就没有什么好抱怨的了。

如果你觉得那一刻自己想做的事更重要,那就去坚持。即使对方会指责你或威胁你,你依然可以坚持自己的选择。同时,你要为暂时甚至永久失去对方做好准备。当你坚持自己的选择时,即使你一个人在做,没有人陪伴,但你选择了自己最想做的事。

无论你选哪个,实际上你都是赢家,你都得到了你想要的,只是没有得到全部罢了。

在关系中,一个人最痛苦的是,既想做自己喜欢的事,又想保持和谐,还想要感情,还想要稳定,还想让对方开心。更痛苦的是，自己想要这么多，自己却不自知。只是不断地试图通过指责、解释、说理、抱怨、逃避等方式来改变对方，希望能够满足自己的所有需求。

也许在某些时刻你可以得到全部，但在成年人的世界里，显然无论你付出多大努力，都无法始终得到所有的东西。放弃，就是每个人都必须面对的课题。当所求不能兼得的时候，你必须学会放弃：要么暂时放弃自己想做的事，要么暂时放弃关系。

5

你一直都有 3 个选择。

比如说，你想去吃麦当劳，他喜欢吃肯德基。这一刻他选择了更喜欢的肯德基而不是与你在一起，那你的选择空间就变成了：

选择关系。妥协，与他一起去肯德基，放弃麦当劳。

选择失去关系。自己去麦当劳，放弃这次在一起。

选择两者兼得。想办法让他妥协，跟你一起去麦当劳。

妥协或不妥协，并不是判断一个人是否有自我意识的表现。成为一个有自我意识的人，不是绝对独立，不考虑对方的感受，也不是为了爱情而委屈自己去牺牲，而是明白自己更看重什么，并做出选择。

当你选择了关系，对方就无须再做选择，他不需要再考虑你的意愿，只需要去做他想做的事，他可以兼得。

当你选择了更喜欢的事情，对方也开始他的选择：如果他更在乎你和你的关系，他就会妥协，你们就会一起去做你喜欢的事。如果他更在乎他自己喜欢的事，你们就会暂时分开，各自去做自己喜欢的事。如果他两者都要，既希望你陪又希望做他喜欢的事，他就会作会闹会指责发脾气，会想改变你让你妥协。

幸运的是，这不是决定人生的选择，而只是当下的选择。每次你都可以选择不同的方式，有时选择成全对方获得关系，有时选择成全自己去做自己喜欢的事。无论你选择哪个，记住这是你自己的选择。

一个没有自我意识的人总是希望别人为他的需求负责。而一个有自我意识的人，愿意为自己的需求负责。本质上，有能力为自己带来快乐的人才是最具魅力的人。这样不也很好吗？

什么是做自己

1

同学 Q 说:"我们感到很累,同时也很焦虑。"

对他们而言,"有用"成了一个难以跨越的障碍。他们认为,浪费时间会妨碍他们追求有用的进程。因此,即使身心俱疲,他们仍要坚持学习、工作,做有意义的事情。

当然,同学 Q 并非每时每刻都保持积极。在浪费时间的日子里,他们会感到焦虑和自责。因为自责可以让他们觉得自己仍在进步。在自责的感觉中,他们离"有用"也更近一些。

类似的事情还包括不能娱乐、不能享受生活……甚至不能早睡。睡觉被认为是浪费时间的行为,因为睡觉意味着不能再做事情,而熬夜则意味着还可以做更多的事情。

还有,他们渴望赚更多的钱,进入更好的单位,去更大的城市发展,学习更多的知识,培养更出色的技能……各种出色的梦想让同学 Q 感到绝望和窒息。

我问同学 Q 为什么要坚持做"有用"的事情,他们说:"做有用的事情,我就会成为有用的人,没用的人是不受喜欢的。没用的人会被人忽视……"

在他们看来,有用意味着对他人有价值。只有有用才会受到喜欢,这时候别人的喜欢实际上变成了把人作为工具的体现。

同学 Q 的行为就是成为他人的工具。对他们而言,"别人是否喜欢我"是一件非常重要的事情。得到别人喜欢的前提是对别人有用,为了获得这些喜欢,他们愿意做任何事情,也能够做任何事情。

讨好也是有用的一种表现。有用的人不仅通过优秀来满足他人的期望,还通过不拒绝、关心他人感受等方式来显得有用。

同学 Q 对此乐此不疲,也没有怀疑过这一观点。

2

与"成为他人的工具"相对应的,就是做自己。

成为别人的工具意味着将别人的喜欢放在第一位,而做自己意味着将自己的喜欢放在第一位。

做自己意味着,我把自己的开心作为首要考虑因素。当我想做一件事情时,我首先考虑自己是否喜欢、开心和满意。我会适度考虑他人的期望，但这不会超过我对自己的考虑。如果对他人有用更好，但这不会超过我的感受。

如果我想去做某件事情，我会思考是否喜欢而非是否浪费时间。我想做这件事情，首先是因为在过程中我感到开心，其次才是考虑它对他人是否有用、是否受欢迎。

做自己意味着，在人际关系中，我喜欢你，所以我愿意满足你的期望。而不是为了得到你的喜欢，而不得不满足你的期望。

在做自己的过程中，我感到轻松、开心和愉悦。我活着是为了自己，而非为了他人。

对同学 Q 而言，似乎没有任何空间让他们做自己。虽然他们也有自己喜欢做的事情，比如唱歌、旅行、恋爱、与朋友聊天，但这些活动被认为太过浪费时间。他们喜欢的事情只能放在后面。他们也渴望任性、放松和拒绝，但这些会导致他人不满意，使自己变得毫无用处，所以他们自己的意愿只能放在后面。

他们心中永远住着一个人，只有那个人满意，他们才能做自己喜欢的事情，才能顾及自己的感受。然而，那个人似乎永远不满意。

3

做自己是有代价的，有些人真的不喜欢这样的你。在他们的评价体系中，你为自己舒服而表现出来的行为，被称为堕落、懒惰、自私和任性。

有人认为：我变得出色、有用、顺从，是为了得到别人的喜欢，我也是为了自己而做呀！

追求别人的喜欢让你感到安心，而非开心。这种安心意味着：我害怕。对于他人不喜欢、指责、忽视、离开这些情况，你感到恐惧，害怕失去他们。潜意识中，你觉得：没有他们我无法生存。

你把自己的生死存亡与他人的喜欢联系在一起。为了生存下去，你必须先焦虑、努力和讨好，成为一个在他人眼中"有用"的人，以此换取能够安心生活的机会。

安心是生存的保障，而开心是活着的意义。

如果你一直追求安心，实际上你从未真正活过。

追求他人喜欢的过程会让你筋疲力尽，耗尽你的一切。对同学 Q 而言，开心地生存下去是一件非常困难的事情。

4

永远都很难喜欢你的那个人，也许是你小时候的父母、兄弟姐妹、老师，或是某个对你来说特别重要的人。

对于小时候的你而言，父母的开心和满意是你生存的前提。而照顾好他们的感受则是他们开心的前提。在他们看来，优秀、有用和顺从是照顾好他们的前提。因此，那时候的你为了生存，不得不将自己的生命与他们的喜欢联系在一起。

但现在情况不同了，你已经成为一个独立的成年人，你不再需要觉得失去谁的喜欢就无法生存。去做一些让自己开心的事情，比去做一些让别人喜欢的事情更加重要；让自己开心，比让自己安心更加重要。你可以成为真正的自己，而不再是满足他人期望的工具。

这并不意味着安心不重要，而是你不再需要依赖他人的喜欢来安心。他们的喜欢已经不能决定你的一切了。

即使你依然希望得到别人的喜欢，也并不那么困难了。我仍然同意，有用的人会受到别人的喜欢。只是，同学 Q 需要知道的是：

当你做自己的时候，你对别人已经足够有用了。你不需要刻意追求有用才能成为有用之人。曾经，你的父母可能需要你非常非常有用，而现在，其实你稍微有点用就已经足够让一些人喜欢你了。

一 我没那么好，也没那么糟

自我否定有什么好处

1

有的人觉得他们自己不够好，因此渴望做出改变。

然而，这种想法仅仅停留在意识层面。潜意识中的想法却是：我不能改变，因为改变会导致情况变得更糟。

意识和潜意识之间存在冲突。潜意识突然冒出一个主意：只要我一直在自我否定的道路上走下去，永远不要到达终点，那么我就可以一直保持改变但不成功的状态。

从表面上看，似乎没有人喜欢自我否定，因为它会导致自信缺乏、自我消耗和负能量，给人一种不好的感觉。然而，在一些访谈中，我发现人们在自我否定中会产生某种愉悦感。

喜欢自我否定的人总是在责骂自己。但如果你问他们是否真的想要改变，这个问题很难得到确切的答案。

我发现，其实自我否定的人只是想要责骂自己，没有多大动力真正地做出改变。自我否定的人会沉浸在自己的伤心、难过、沮丧和压抑之中，然后什么都不想做，也不会采取实质性的行动。他们没有付出任何实际的努力，也没有改变的计划，更不会思考从何处开始改变、何时开始改变以及改变多少。

这让我感到困惑：

是什么动力让他们一直保持自我否定这么长时间呢？

是因为自我否定真的有很多好处吗？

2

第一个好处是，熟悉和确定。

在意识层面上，自我否定意味着"我想要改变"，希望成为理想中的自己。但如果真的变成理想中的样子，人的内心会感到愉悦和满足，会体验到"我是非常棒的"。

然而，对于一些人来说，"我是非常棒的"是一种非常陌生的体验。在这种陌生感中，人会感到迷茫，不知道下一步该做什么，该如何生活。

但自我否定不同。虽然自我否定令人难受，但在这种感觉中，人是确定的，知道该如何应对。自我否定更符合"我本质上不是一个好的人"的固有认知。在这种认知下，只有不断进行自我批评，才能让内心感到安定。而且，即使有人说"你很棒"，你也会去寻找自己的不足之处，以符合自己的认知，让自己感到更加安心。

"我很棒"是一种陌生且不确定的感觉，"我很差"则是一种熟悉且确定的感觉，后者对于生存更有利。

人们追求的并不是结果，而是重复某种熟悉的感觉。熟悉带来的好处是让人具有可控感，而可控感就是安全感。因此，在自我否定中，也可以获得某种安心的感觉。

3

第二个好处是，安全和免于惩罚。

自我否定的对立面就是"自我接纳"和"自我满意"。

如果你允许自己不够好，或者对自己感到满意，那一刻你的体验确实是很棒的。但人是社会性生物，那么身边的人又会如何对待你呢？

当一个人刚出生时，实际上对自己非常满意。但随着成长，每当他表达对自我满意时，就会有人对他表示不满意：你怎么可以这么不求上进呢？你怎么可以这么差呢？你怎么可以不改进呢？你怎么可以闲着呢？你怎么可以这么骄傲呢？

如果你对自己满意，你的父母会如何对待你呢？你会发现，无论你变得多好，他们总会挑剔你，总会找出你的不足来打击你、嘲讽你、攻击你，直到你学会自卑。

因此，自我满意会受到打击。

随着这种经历的积累,你也无法确定当你对自己满意时,身边的人是否还会继续打击你。现实生活中也常常如此:我们看到身边对自己非常满意的人,就会有一种看不惯、不屑、想打击的冲动。

而自我否定则不同。当你开始否定自己时,别人对你的态度就会有所改变:他们会停止打击你,甚至会来安慰你。

自我否定代表了具有被原谅、被宽恕、被宽容、被安慰的可能性。而自我满意代表了具有被打击、被否定、被挑剔的可能性。

那么,机智的潜意识会让你选择哪一个呢?

4

第三个好处是,不冒险。

如果你开始不再自我攻击,可能发生的是:你的生命力开始绽放,你将不再陶醉于忧伤的小世界之中。

听起来很好。

然而,一旦你不再陶醉于自己忧伤的小世界,你将会去做什么呢?你将会如何在这个广阔的世界中安排自己?

答案是:你将会做不同的事情,遇见不同的人。

走出自己的小世界,进入真实社会,也意味着面临挫折、困难和攻击等危险。在这个真实的世界中,有欢乐也有痛苦,有阳光也有风雨,有成功也有挫折。在这个真实的世界中,充满了诸多困难和不确定性。

那么,你知道自己该如何应对这些挑战吗?你知道在面临困难时,该怎么办吗?你知道在别人攻击你时,该怎么办吗?当你遇到困难时,你会勇敢地面对,还是会逃避呢?

在真实的世界中,情绪会澎湃激荡,这些情绪的强度比自我否定的强度要大得多。

5

停止自我否定的方式,绝对不是去改变某个特质,而是要勇敢面对。

敢于面对不确定生活的勇气,
敢于接受来自别人的质疑和攻击的勇气,
敢于承接复杂、激荡情绪的勇气,
敢于迎接生活中种种困难并想办法克服的勇气。

如果你还没有准备好拥有这些勇气,那么暂时继续自我否定可能更合适。这样做会使你看起来既有上进心,有事情可做,又有改变的意愿,同时又不必面对真正的风雨,真是"一举多得"。

意识上自我嫌弃,潜意识里拒绝改变

1

有时候,我们对当前的状况感到痛苦,于是想要做出改变。

然而,改变之所以没有发生,痛苦依然持续,不是因为你没有能力去改变自己,也不是因为你不知道如何去改变,而是因为你没有花足够的精力去思考、寻求帮助、学习如何进行改变,你没有足够的动力去改变。如果一件事情给你带来足够的痛苦,让你明白改变后境况只能更好,你就会想尽办法去改变。

而你之所以没有足够的动力去改变,是因为你的潜意识并不希望改变。即使在意识层面上你非常想要改变,但你的潜意识抵触这种情况。

我将这种改变称为"口号改变",就是我们口口声声说想要改变,但实际上我们并不会付出太多的行动和努力。你可以问问自己：

为了让自己改变，我都做了哪些努力？付出了什么？有多大决心？采取了哪些行动？

然后你会发现，实际上你并没有自己想象的那样渴望改变。对于改变自己这件事情，当我们只是想想、抱怨一下，而没有真正付诸行动时，我们就会变得非常消极。关于改变，还有一件事情你需要了解：

人们之所以没有自动地进行改变，是因为他们认为当前的状况是最好的。

我们想要改变，是因为我们只看到了现状的不好。但是，我们没有看到现状也存在着另一面，即现状保护着我们，让我们避免遭受更大的痛苦。

尽管现状确实令你苦恼，但如果改变后你会陷入更大、更无法承受的痛苦中，你的潜意识是不会允许你这么做的，因此你不会真正想要改变。

在两个痛苦之间选择较小的痛苦，这是潜意识的自我保护机制。

2

举个例子，比如说拖延。

对于某些人来说，他们不喜欢自己拖延，因此渴望改变。但是，一旦他们改变了拖延的习惯，行动变得非常果断，他们就会陷入对自己行动不够完美的焦虑中。他们会担心自己匆匆忙忙完成任务，而无法做到尽善尽美。这种焦虑更难以承受，所以拖延成为他们避免焦虑的方式。

对于另一些人来说，如果他们不拖延，他们会立即完成任务，然后又陷入下一段忙碌中，不给自己休息的机会。拖延成为他们唯一能够休息的机会。例如，有些人拖延起床就是为了休息。

再举个例子，比如焦虑。

有些人不喜欢自己的焦虑，总是告诉自己要放松，因为焦虑会伤害身体，影响事情的进展。然而，一旦放松下来，他们会担心事情做得不好怎么办。他们怀疑自己在放松状态下，是否能够把事情做好，会担心事情做不好的后果比焦虑本身更难以承受，因此潜意识会选择维持焦虑状态。

焦虑只是当下的痛苦，但如果事情做得不好，将来会有更多的痛苦。你觉得哪种痛苦更容易让自己接受呢？

还有一个例子，比如内向。

有些人不喜欢自己内向，告诉自己要学会外向和社交。但是，一旦他们变得外向、积极参与社交，他们如何面对他人的冷漠和拒绝？他们能够保证每个人都会欢迎他们吗？

要知道，外向的一个显著特点就是主动。主动就有可能受到伤害。与其在人际关系中受伤，不如保持内向让自己更舒适。因此，有些人会下意识地将内向作为一种方式来避免在人际关系中受伤。

再举个例子，比如追求优秀。

许多人渴望变得优秀，因为优秀可以获得他人的认可。然而，优秀所带来的不仅仅是认可，还有他人对我们更高的期望。对于那些为了他人的认可而追求优秀的人来说，能够承受他人更高的期望吗？

对于另一些人来说，追求优秀意味着曝光，曝光意味着更多的关注和挑剔。这是他们能够承受的吗？潜意识会觉得，默默无闻虽然孤独，但比优秀所带来的压力要好。

所有的症状和现象，在给你带来痛苦的同时，也在保护着你。就像身体的疼痛、发炎一样，你不喜欢这些身体的不适感，但如果你的身体没有这些症状，那将会更糟糕。如果没有这种感受痛苦的能力，你就会陷入更大的痛苦中。

3

因此，你需要开始欣赏你的问题。因为它在保护你。

如果你真正想要改变，你必须放弃对自己所谓问题的否定态度。放弃通过否定自己、强迫自己的方式去改变。你需要去欣赏，你的症状是如何保护你的，它们有哪些好处。你可以问自己以下三个问题：

1. 我自我嫌弃的地方是什么？
2. 如果我不改变这个地方，我可以得到什么？对我有什么好处？

3. 如果我改变了这个地方，我会面临哪些后果？

一开始，你可能会感到思考这些问题很困难。但你可以静下心来，仔细聆听内心的答案。然后你会发现，对于许多事情来说，改变实际上会带来更大的痛苦。在现有条件下，不改变反而是最好的选择。

如果你仍然想要改变，不喜欢当前的痛苦，那么你需要放下当下的好处，接受改变的风险，承受改变后带来的另一种痛苦。

你在自我嫌弃的问题中得到了保护。现在，你可以做出决定，冒险一试，离开舒适区，进入另一种不熟悉、充满风险和痛苦的新境界，那里有未知，也有新奇。

你需要关注的是，你的问题是如何保护你，而不是总想着摆脱它。当你放下当下的状况给自己带来的好处时，真正的改变才有可能发生。

一 我没那么好，也没那么糟

你觉得我坏，我便可以更坏

1

当我们受伤的时候，用"坏"来形容伤害我们的人真的很过瘾：你这是自私！不负责任……

我最近听到几位女性讲述她们真实的故事：

丈夫跟他的女同事暧昧！他真是个花心的人！他不专一！

丈夫每天晚上11点多才回家，他根本不顾家！他不负责任！

一个相亲男在分手后，向女方索要送出的礼物，坏人！

听完这些故事后，我也想和她们一起骂。但是，骂完之后呢？我们要和这些人继续过日子，还是和平结束这段关系？我们要继续战斗下去，还是放下武器？

骂一个人坏，的确让人爽快。但坏处是，它有可能导致更糟糕的结果，激怒对方，让对方报复，让自己受到反噬。

2

说一个人"坏"后,会发生什么呢?

让我们换位思考一下:

如果丈夫和女同事暧昧,他被你评判为"花心""不专一",那么他下一步的行动会是什么?他会感到内疚,还是抗拒你?他会收敛自己,还是变得更肆无忌惮?

如果丈夫每天晚上11点多回家,他被你评判为"不顾家""不负责任",那么他下一步的行动会是什么?他会考虑另一半的感受,尽量早点回家吗?是无奈地回家,但在其他地方逃避责任呢,还是干脆远离家庭?

如果一个相亲男在他分手后要回自己送给女方的礼物,他被你评判力为"渣男",他会做出什么反应呢?他会自觉改正自己,变得更好吗?还是变本加厉?他会放弃索要,还是要求女方退还折价款呢?

3

我们不讨论给对方贴上"坏"这个标签本身的对与错。你的定义只是你自己的一种观点,在你的观点中,你认为自己绝对是对的,但是你的"对",会反过来伤害到你。你是否愿意接受一个糟糕的结果,只为坚持自己是对的呢?

和相亲男分手的女生庆幸自己分手了。但如果她在分手时说了过激的话，激怒了相亲男，最后是谁受伤呢？

对于丈夫在外与异性暧昧或晚归的女性来说，即使她非常愤怒，但如果家庭经济生活依然需要丈夫，那么通过离婚等方式解决问题并不可行。

关系是互动的结果，你给一个人贴上标签，定义他，实际上是在扼杀他。那些内心脆弱的人，在被他人定义后会受到伤害，进而进行消极抵抗——他们会变得更糟糕，以此来表达自己，获得一些自主感。

当被定义为"坏"后，有些人的反应是："你觉得我坏，我就变得更坏给你看。"

所以，你宣泄愤怒的情绪，评价了他人，如果激怒了他人，你会受到他人愤怒的反噬。

4

那么应该怎么做呢？

在关系中，可以从保护自己利益的角度考虑问题，但表达时要尽量从好的方面来说。

对于丈夫和女同事暧昧的女性来说，她可以这样对丈夫说："你和女同事聊天时，我看到你保持了基本底线，没有发生性关系，这说明你在克制自己，考虑我的感受，关心我们的家庭。这是你做得很好的一部分。但是你和女同事这样聊天，我感到不舒服，希望你能关注一下我的感受，这样我会更开心，更爱你，更愿意照顾你。"

对于被相亲男要回礼物的女性来说，她可以这样说："你是个很好的男孩，在相处的过程中，你对我真心付出，我非常感激，这让我觉得你是一个善良的人。只是由于某些现实原因，我们不能在一起了，我也很遗憾，很难过。这些礼物，你可以送给我，作为纪念吗？"

这些话可能不会立刻起作用，但至少不会加剧冲突，甚至有助于对方改变。效果的程度取决于你的真诚程度。

我建议这几位女性说的并不是虚伪之言，而是希望她们真诚地发现：

对方并不完全坏，他也有好的一面。你能和一个人相处这么久，一定是因为你真实地感受到了他身上的某些优点。因此，你无须完全否定他。在表达时，内心的真诚是能被对方看到的。

当一个人的付出被看到时，他会感受到这种付出是值得的，他也会有进一步付出的意愿。

对于不能立即完全切断的关系，它就是一种联盟。伤害他，就是在伤害自己。维护他的自尊，就是在保护自己的利益。在言语上给予对方面子，实际上也是在帮助自己。

5

关系的核心在于：

你给出负面评价，负面就会加剧；

你给出正面评价，正面就会放大。

除了对与错和应该如何，你的内在需求也非常重要。

道理很简单，但实践起来很困难。因为在被错误对待后，我们无法再看到对方身上的闪光点。失望、怨恨、愤怒、委屈充斥着我们的大脑，使我们失去了思考和判断的能力。

因此，要理智而清晰地引导关系，首先要有能力处理自己内心的失望、怨恨、愤怒、委屈，然后才能拥有成熟处理问题的品质。

难过可耻,但有用

1

在我们的课堂里有一位同学,我们称她为 D 吧。她是一位活泼开朗、思维敏捷的女同学,大家都很喜欢 D,D 却很烦恼。她觉得工作不顺利,情感不顺利,为此特别自卑、焦虑。

访谈中,D 经常问我"怎么办"的问题:这个问题怎么办,那个问题怎么办。我回答她说:"我也不知道,这是你的人生,我没有资格给你建议。但我想知道,你的'感受是什么'呢?"

她说:"我没有什么感受啊。我只是想知道我该怎么办,这样我就可以采取行动,然后我就不这么差劲了!"

她表达这些时总是一副欢快和漫不经心的样子。而我会从她身上感受到悲伤,但她将这种悲伤隐藏了起来。于是,我请她再次体会一下她的感受。她说:"有点委屈,有点难过。对于我目前面临的问题,我感觉很糟糕。"

然而,她并没有在难过中停留太久,马上补充道:"难过有什么用呢?我只想知道该怎么办,这样我就可以把问题解决了,我也就不会难过了。"

是啊,难过有什么用呢?

当你遇到挫折、困惑时,你可能会感到难过。然而,因为难过似乎没有帮助,甚至可能阻碍问题的解决进程,你便不愿意自己感受到这种难过。

2

在物质世界中,很多东西失去了实用价值,我们都会选择丢弃它们。比如一些过时的衣服,或是坏掉的电子产品,它们毫无用处且占据空间,我们会干脆利落地丢弃它们。

但是,你真的会那样轻易地扔掉每一样东西吗?并非如此。那些曾经重要的、承载回忆的物品,你会发现在它们失去实用价值后,你也不会轻易舍弃它们。或许有些东西不再具有实际用途,但你依然保留它们,因为它们是你回忆的一部分。你明白这些物品虽然失去了实际用途,但并不代表它们真的毫无意义。

那难过呢?

难过可能没有实用价值,对解决问题可能没有帮助,甚至可能阻碍问题的解决进程。然而,难过同样是你自己的一部分。难过的你、急于解决问题的你、渴望改变的你,都是真实的你。为什么你更在意那个渴望改变的自己,却对难过的自己漠不关心呢?难过的你不值得被看见吗?不值得被关心吗?

"难过的自己是没有用的,所以我不想要她了。"

"没有用处,就不再需要",这种感觉,你熟悉吗?

3

D说:"我出生时,妈妈发现我是个女孩,她觉得特别羞耻。后来妈妈跟我说,她看都不想看我一眼。"

"女孩没有用",所以妈妈不想要、爸爸不想要、大家都不想要。"没有用的人应该被抛弃、被忽视"。

"没有用的,就不要了",这种观念在D所处的家庭中一直蔓延,D也接受了这种观念。于是,D只能通过展示更有用的一面来证明自己不比弟弟差,不比其他人差,从而获得生存的可能。她成为家里的小母亲、家务小能手,她懂得关心他人,她学习出色,她做事毫不逊色于其他人。

D获得了父母、邻居、朋友以及社会的认可,每当父母因她而骄傲并向亲朋好友炫耀时,D既感到开心又感到失落。尽管D获得了认可,但她内心深处仍有一丝恐慌:

作为一个没有用处的女孩,我是否值得被爱?如果有一天我变得没有用了,你们还会喜欢我吗?

4

我跟 D 说:"如果你没有用处了,别人喜不喜欢你,我不知道。但此刻,你不喜欢难过的自己,因为你认为难过没有用,你不喜欢没有用的自己。"

D 不喜欢生气的自己,因为生气的自己没有用;不喜欢委屈的自己,因为委屈的自己没有用;不喜欢软弱的自己,因为软弱的自己没有用;不喜欢抱怨的自己,因为抱怨的自己没有用。凡是没有用的自己,D 都不喜欢。于是 D 就成了一个不矫情、不抱怨、做事果断、才智过人的做事机器。

5

每种情绪都是你宝贵的一部分,值得被珍视。它们使你完整,即使你不喜欢某些情绪,也不代表它们不应该存在。

我向 D 提出了建议:

当你对自己面临的问题感到困惑时,先问问自己:我怎么了?我有什么样的感受?

比起行动和做事,你的感受也同样重要。你的快乐、委屈、悲伤、愤怒,都是有意义的。

D 说:"只有解决了问题,我才能不再难过。"

这正是 D 的悲哀所在：她只有通过解决问题来抚慰自己，只有事情解决了才能拯救她的心情。从小到大，D 只有一种安抚自己的方式：做事，一直做事……

6

我问 D："当你的孩子感觉到难过时，你会如何安抚他呢？"

D 说："我会告诉他该怎么做，解决问题就好了。"

于是，D 的孩子，孩子的孩子，可能都不再拥有感受难过的能力了。因为难过被他们认为是没有用的部分。这也是 D 早年的经历：只要事情做好就行了，没有人在意你是否难过。

D 疑惑地问我："难道除了把事情解决外，还有什么其他的方式可以让自己开心、不难过吗？"

我说："我不知道如何解决问题，但我愿意倾听你的故事。"

倾诉和倾听或许不能解决问题，但对心情确实很有帮助，比解决问题能更快地改善心情。

急于解决问题会抑制自己的情绪。问题也许会解决，但与内心的距离会更远。而倾诉心情，能够让人看见自己的情绪。当人的难过被看见，心情也会变好，心情好了，问题也许会有更多解决方案。

允许自己难过，也许并不直接有效，但最终会有所帮助。

一 我没那么好，也没那么糟

走出急性子的焦虑陷阱

1

内在的焦虑多了，人就会成为急性子。

有很多人常常批评自己性子急，责备自己的焦虑情绪。他们认为急性子是不好的，做事情匆匆忙忙，结果效果不佳。而且焦虑情绪上升时，还容易发脾气，一点干扰或评价就能让自己爆炸。

习惯性的焦虑导致外在事情难以处理好，内在结果则是自己容易感到疲惫、沮丧和挫败。焦虑一段时间后，人们开始怀疑自己是否一无是处，也会失去动力不想干任何事情。然后开始思考一个终极问题：我到底是不是真的那么糟糕？

的确，急性子有一些不好的方面。但是改变急性子的方式，决不是嫌弃自己。我们要改变一个问题，首先要去理解这个问题。只有理解急性子的本质和焦虑的原因，才能找到改变的切入点。

那么，为什么人会变成急性子呢？为什么容易感到焦虑？

2

一个人性子急通常具有以下三个特点：

首先，有很多事情要处理。

在现实生活中，人们一生要面对无限多的事情，只要活着，就得一件件地去做，直到死亡。然而，人的内心容量是有限的。如果在某个时刻你的内心同时装着许多事情，你就容易心急了。

你的心有多满，你就会多容易着急。

这种感觉就是：刚做完这件事，又有下一件事等着做。这段时间忙完了，接下来还有下一段时间要忙。每天都像陀螺一样，不停地做事情。

其次，时间不够。

如果事情很多，时间充裕也没关系。一件件地来，一点点地做，一年不行就两年，两年不行就三年。这样就不会因为事情多而成为急性子。

但是如果你不能给自己更多时间，你就会想要尽快完成任务，以便留出更多时间来做其他事情。然后你的内心就开始焦虑，容易发展成为一个急性子。

从客观角度来看，确实有些事情是紧急的，比如抢救、赶火车等。但紧急的事情不是常态，紧急的事情一旦处理完，焦虑就会减轻。然而，如果每件事情都时间不够，这种惯性的焦虑就会发展成急性子。

最后，对自己的要求很高。

如果事情很多，时间又不够也没关系，降低对事情的要求，会更从容一些。或者只做到一定程度，不一定要做得非常完美，也不会成为急性子。

有些人不仅要完成许多事情，还要在最短的时间内完成，而且要达到某种水平、达到某个标准，可自己的能力无法支撑达到这个标准。于是就只能焦虑，发展成为急性子。

因此，一个人内在的焦虑会发展成急性子，其实是要处理的事情太多、时间又不够、对事情的要求又很高的综合结果。

3

想要通过责备自己来改变焦虑，结果会适得其反了。

自责的本质就是在催促自己，而催促自己会让自己更加着急，更加焦虑。希望以更短的时间完成目标，从而时间更为紧迫。

在自责时，你体验到的是自己的无能感和挫败感。这时候你会想要做更多的事情来弥补自己，证明自己不差劲，结果又增加了要做的事情的数量。

在自责时，还会不自觉地与他人比较，勾勒出一个"正常的我""理想的我"的形象，希望达到这个标准，无意识地提高对自己的要求。

因此，责骂自己实际上会让自己进入更加焦虑、更加匆忙的恶性循环，让自己内心难以承受，更加难以应对他人的干扰和挫折。

当内心负担达到临界点时，人们不得不选择自我毁灭式的想法来结束一切：我不适合做这些，我不适合在这里，我想离开。

4

缓解内心焦虑、让内心获得平静需要做出一些调整：

第一个调整是减少负担。

花些时间列举一下你现在想要做的事情、心里装着的事情，然后逐个划掉其中大约60%的任务。虽然有些事情你可能舍不得、感到不甘心，但你需要给自己减轻负担，因为你并不是超人。

这样一来，你会感觉到肩上的负担减轻了很多，其实你并不需要做那么多事情。

第二个调整是放慢节奏。

将你预计的时间延长到原先的2至3倍甚至更多。你需要给自己时间来成长，就像一朵花一样，陪伴自己慢慢绽放。

人生是漫长的旅程，此刻的慢不代表整个旅程都会慢，即使整个旅程都慢，那也是适合你的节奏，因为你和别人不一样。

这样，你会感觉到压力减少了很多。你会开始意识到成长的过程也可以去享受，不一定要急于寻找结果。

第三个调整是降低标准。

人最容易陷入的陷阱之一就是与他人或理想中的自己进行比较，总觉得只有这样或那样才是应该的、正常的。你心里设定了宏伟的目标，潜意识里却因感到害怕而退缩。你需要适当降低标准。

调整的过程实际上是自我关爱的过程，而责怪自己则是自我虐待的过程。

你更倾向于哪一种呢？

恐惧在提醒你,其实你没有那么强大

1

经常有同学说,他们的内心充满了恐惧。

有些人害怕被指责、否定或批评;有些人害怕自己不够优秀,担心未来财务困难或老了会孤独;有些人害怕变动,害怕与人发生冲突,害怕被关注;有些人甚至害怕意外,如乘坐飞机时害怕发生事故,开车时害怕出车祸,甚至走路时害怕被广告牌砸到;有些人在夜晚害怕有鬼,害怕黑暗。

内心充满恐惧的人常常过着小心谨慎、艰辛的生活。

这些恐惧可能难以表达和理解,甚至连他自己都不喜欢这些感受。然而,这些害怕消耗着人的精力,降低了幸福的质量。

实际上,内心的恐惧意味着缺乏安全感。你可能觉得周围环境不安全,未来不可预测,陌生人不可信任,甚至自己都无法保护自己。

2

当我们感到危险时,第一反应是保护自己。对于我们能轻松应对的危险,我们并不会感到害怕。但人类的本质是脆弱的,我们无法应对所有的危险,这时我们就会感到恐惧。

恐惧是因为潜意识感知到自己的能力无法应对外界的危险。因此,恐惧也在提醒我们:此刻,我很脆弱,我无法应对外界潜在的危险。

当你感到自己脆弱无助时,你会如何对待自己?有些人不喜欢自己的脆弱,他们会强迫自己变得坚强,要求自己勇敢面对,劝说自己不要害怕。这些人试图强迫自己做一些超出自己能力范围的事情,他们不愿意照顾自己的脆弱。

因此,恐惧也在提醒你:你正在忽视自己的脆弱,孤身一人艰难坚持。你在强迫自己面对害怕的事情。害怕的感觉会不断出现,不断提醒你:危险,危险,危险。你目前的能力无法控制这些事情,请你不要再勉强自己。

这些事情可能看起来并不可怕,但对于你来说,它们确实构成了一种危险。因此,你需要尊重自己的感受。例如,害怕被指责,表面上看似并不危险。但在某些人内心深处,被指责却被视为非常危险的事情。这时你需要关注自己,不要让自己继续处于一个充满指责的环境中。

害怕只是在告诉你,你不要再强迫自己,你也只是个普通人，无法应对这些事情。你需要承认并尊重自己此刻的脆弱。

3

那些看似普通的事情为何会触发你的脆弱呢？可能有两个原因：

1. 你总是照顾他人，没有多余的精力照顾自己。
2. 你不懂得寻求帮助，因此没有人来保护你。

一个内心充满恐惧的人，外表常常是一个强者。他们非常关心他人，善良而体贴，会照顾弱者。在别人眼中，他们是细心而强大的人，总能给别人带来安全感。他们尽量不给别人添麻烦，而将麻烦留给自己。他们觉得别人的事情比自己的更重要，他们可以帮助别人排忧解难。他们是众人眼中的大哥，以至于他们常常相信自己真的很有能力。

然而，你的能力只代表你知道如何应对这些事情，并不意味着你有足够的能量来不断被他人消耗。当你只将强大留给他人时，脆弱只会留给自己。

这时恐惧在提醒你：请不要忘记，你也是弱者，也需要被保护和安慰。然而，你已经忘记了，你经常通过关心他人来掩饰自己的脆弱。

你的恐惧不断提醒你：不，你也是弱者。

每一次恐惧，都在提醒你，你其实是一个活生生的人，有血有肉。肉体本就是脆弱的，何必要将自己变成一块钢铁呢？

4

你看起来坚强，并不意味着你真的坚强。

每个人都是孩子，都会面对无法应对的困难，都会有脆弱的时刻，这时你最需要的是寻求帮助，找到一个此刻能保护你的人。有些人在想到"求助"时会触发羞耻感，那是对自己脆弱的厌恶。

逞强只因不懂得寻求帮助。

当你逞强时，实际上也投射出你认为身边的人非常脆弱，没有能力来帮助你。当你展示脆弱时，他们会更加脆弱。因此，你不得不伪装自己强大，同时帮助那些脆弱的人。

这种经验告诉你，如果你告诉父母自己过得不好，他们的脆弱会被激发出来，让你反过来照顾他们。

当你逞强时，你可能还投射了身边的人冷漠无情，没有人对你感兴趣。当你展示脆弱时，他们可能对你不耐烦，觉得你给他们添麻烦了。因此，你不得不隐藏自己的脆弱，只剩下坚强。

这种经验告诉你，你不需要告诉父母自己过得不好，因为他们已经足够让你操心了，你只能先帮助他们。

然而，这些经验只是过去的了。现在，你身边的人也许已经不同了。现在你身边有很多愿意帮助和保护你的人，你需要去发现他们。

5

感谢内心所有的害怕，它们在提醒你：

1. 你需要承认自己有时是脆弱的，即使这种脆弱看起来不正常；

2. 你需要停止消耗自己来照顾别人，即使照顾别人是应该的；

3. 你需要求助，告诉别人你也需要被安慰、被保护，即使这与你的形象不符。

你需要检验的是：

此刻，你可以向谁表达你的脆弱？有谁值得并且你愿意信任？有谁知道你的脆弱后不会评判你，反而会安慰和帮助你？

如果没有，至少你可以不再强迫自己去做害怕的事情，让自己安心一点，蜷缩在某个地方也是可以的。你也可以成为一个脆弱的人。

至少，你可以停止优先保护别人，你也需要保护自己。你也可以成为一个不那么热心，甚至有点自私的人。

害怕冲突，是个优点

1

有一个朋友对我说，他特别害怕冲突。每当被别人欺负，事后他总能想到各种反击的话语，但是在冲突发生时感到无所适从，觉得自己非常懦弱。

我告诉他，确实挺懦弱的，而且他好像并不喜欢自己的懦弱。

首先，我想谈谈我对懦弱的理解：面对冲突时，懦弱的人倾向于选择沉默和逃避，不进行反抗。我认为懦弱是一种优点，因为懦弱的人懂得珍惜生命。我认为生命是世界上最宝贵的东西，而懦弱的人潜意识中也有这样的认知。

当然，这并不意味着敢于应对冲突不好。勇敢也是一种优点，而懦弱则是另一种优点。

2

面对冲突,一个人通常有两种选择:应对和逃避。

前者经常被认为是强大和勇敢,而后者经常被认为是懦弱和怯懦。但是应对冲突就一定好,逃避冲突就一定不好吗?

并不一定。

首先,我们来谈谈为什么有些人害怕冲突。因为这样的人在冲突中通常处于失败或受损的一方,经常在冲突中取得胜利的人不会害怕冲突。当你被人欺负时,你会遭受损失,可能是资源上的损失,也可能是自尊上的损失。你感受到的损失越大,你对被欺负的事情就越在意。

那么应对冲突能让你摆脱损失,甚至获得利益吗?

有三种可能性:

你直面冲突,对方认输或妥协。你获得了利益,这是最好的结果。这样的你,坚强又勇敢,智慧又聪明。

你直面冲突,对方没有改变,你仍然没有得到任何东西,也没有失去什么。这样的你虽然没有赢,但你尝试了,全力以赴,为自己维护了权益,也非常勇敢。

你直面冲突,对方对你造成了更大的伤害,你遭受了更大的损失。就像鸡蛋碰石头,我不知道此时赞扬你的勇敢,是一种表扬还是一种讽刺。

最好的方式当然是研究对方是什么样的人，了解自己和对方实力的差距，然后理性地决定是冲突还是妥协。

而且选择直面冲突并不是零成本的。一旦你选择直面冲突，你就需要投入时间、付出精力等。选择冲突是一场投入与收益的博弈。

你的投入换来了对方的妥协，你就得到了收益，自然很好。但如果对方仍然没有任何改变，那你就在现实中损失了大量精力去做一件没有结果的事情，这样在实际上也是有亏损的。如果对方因此对你造成更大的伤害，那你的损失就更大了。

从现实角度来看，当你选择冲突时，只有第一种结果是有收益的。但是，第一种结果发生的概率有多大呢？

那些不敢直面冲突的人会评估第一种结果发生的概率很小，所以他们选择了损失更小、更安全的方式：逃避冲突。

3

投身股市的人每天都在面对博弈。股市是本金和收益的博弈，一旦你的本金进入股市，就有盈利和损失的可能性。

当股市开始下跌时，你会怎么做呢？

你有两个选择：止损和加仓。

哪一个更好呢？

止损意味着逃离现场，结果是：此时，你产生了一定的损失，但你的损失固定在这个范围内。

加仓则更具挑战性。结果有三种可能：

股市开始上涨，你跟着获利；股市进一步下跌，你的损失更大；股市开始横盘，虽然表面上没有损失，但你投入的资金没有利息，相当于变相损失。

那么，当股市开始下跌时，到底是选择及时止损离场更好，还是选择加仓跟进更好呢？

两者都可以，这是不同的投资策略。作为非专业人士，我认为及时止损更好，没有人能够一直保持盈利。根据我的非专业理财经验，当市场看涨时获利止盈，当市场看跌时止损离场。社会大环境是朝气蓬勃的，只要你在上涨时盈利多于下跌时的亏损，你就能保持总体盈利。那些冒进的人有机会赚大钱，也有可能输得只剩下裤衩。这完全是两种不同的理财风格，你不能说哪一种更好。

能够及时止损的人虽然会有一些损失，但这是一种智慧。从长远来看，及时止损的人也能获得财富。当然，富裕的程度也取决于你个人的底子。

你害怕损失，这表明你是一个保守型的投资者，一个稳健型的投资者。这是一个缺点吗？

4

在生活中遭受欺负时，到底应该如何应对呢？是懦弱地忍气吞声，还是勇敢地硬气对抗呢？

只有真正了解自己和对方的人，才适合选择硬气对抗。然而，这种方式非常消耗精力。人的精力是有限的，这意味着你必须在其他方面做出一些牺牲。

结果，并不一定是好的。

识时务，这是一种生活方式；不屈不挠，是另一种生活方式。

两者都是好的。懦弱或者勇敢，只是代表你是哪一种"处事风格"的人，你拥有的那种风格，就是最好的。如果你害怕冲突，你可以选择逃避，离开冲突的场景，这是你的"止损"策略，这是你保护自己的方式。

生活中不仅仅有冲突，还有欣欣向荣的时刻。花费大量时间和精力去处理冲突，勇敢地面对，这是一种生活方式。而在你不擅长的领域回避冲突，选择在更广阔的领域展示自己，虽然在冲突方面你可能有一些小的损失，但在更广阔的领域里，你会弥补这些小的损失。你不可能在每个领域都取得胜利，只要在一部分领域中获得成功，你就是人生的赢家。

我告诉这位朋友：你是否希望在包括冲突在内的每个领域都获胜呢？

他思考了一下，确实是这样。在冲突时，他感到懦弱，但他无法接受自己的懦弱，无法接受在某些领域里不如别人。实际上，这是他内心的不甘心，无法接受在冲突方面不能胜过对方。

人生何必总是追求胜利呢?世界如此广阔,去做自己擅长的事情就好了。

懦弱和勇敢一样,都是一种智慧,一种优点,一种最适合自己的方式。

我需要付出，也需要回报

不情愿的爱

1

在对待父母、孩子和伴侣时，我们通常认为自己是爱他们的，但也经常会有一些不爱的念头和行为，让我们开始怀疑自己是否真的爱他们。

比如，明明知道他们非常需要我们，但我们不愿意给予。

在亲密关系中，很多时候你明白对方之所以表现出某种行为，其实是因为想要你的陪伴、尊重、关心等。但有时候你不想满足他们的要求。虽然你知道应该怎么做，也知道怎么做是对的，但就是不想去做。你也明白怎么做有利于关系发展，对自己也很有好处，但你不愿意那么做。

如果你用"不爱他们"来说服自己理解与伴侣的关系或许能勉强接受。其实在亲子关系中也经常如此：明明知道孩子想要你的陪伴，但你非常抵触。明明知道孩子需要你的认可，但你不愿意表达。这样你常常怀疑自己是否真的爱孩子。

对父母也是如此。我们明明知道父母需要我们打个电话关心一下，但我们内心非常抗拒，不想打这个电话。

如果对方需要的是你要有巨大的牺牲，你无法给予，这的确是可以理解的。然而，对方通常需要的并不是你要做特别困难的事情，而且通常都是很正常的需求，但你还是不愿意满足。

有时你会感到困惑和自责。

2

实际上你没必要自责，因为这是你潜意识里的自我保护机制。你只是想对自己好而已，而对自己好并没错。

你抵触给予，只是说明在那一刻做那些事对你来说很困难。

这里有两个关键点：

1. 在那一刻；
2. 对你来说。

也许在其他时候你能够给予，但在那一刻你没有足够的能力去给予。你有能力给予，并不意味着你所有时刻都有能力给予。也许对别人来说，这些事情很容易，但对你来说并非易事。

你需要学会尊重自己在那一刻的状态，而不是拿其他高光时刻来说服自己，也不要用别人的标准来强迫自己。

当然，你也可以选择强迫自己给予。

有些妈妈会强迫自己陪孩子、称赞孩子。有些伴侣会强迫自己关心对方、忍着自己的需求来尊重对方。只要你努力强迫自己，这些你也可以做到。但强迫自己的结果是：你会更加痛苦。

当你自责为什么无法给予时，你已经在暗示自己要强迫自己了。那么，你的自责实质上是在说："为什么我不能强迫一下自己呢？为什么我不能让自己更加痛苦一些呢？"

因此，你可以理解为什么自己无法给予，因为你的潜意识不希望自己承受痛苦。它宁愿让你做得不对，也不希望让你承受痛苦。这正是你爱自己的方式。

3

如果你非要强迫自己给予，你会感到痛苦。但对方呢？他们会因为你的付出而变得幸福、开心和满足，就像婴儿吃饱了奶后露出满意的笑容。但对你来说，这又意味着什么呢？

你用痛苦换来了对方的幸福，而你自己会更加痛苦。你在承受痛苦，却为另一个人创造幸福，这并不符合人性。因此，你不能这样做，你的潜意识会产生嫉妒之情。

为了避免这种情况发生，人们通常有两种方式来保护自己：

1. 我不给予你，不让你体验到满足和幸福的感觉。这样你就不会幸福，我也不会因为看到你幸福而感到痛苦。但这样会显得我比较自私。

2. 我表面上给予你，但实际上剥夺你的幸福感。这样既凸显了我的伟大，又不会让你感到幸福。但这是一种扭曲的心理。

举个例子，孩子向妈妈索取零花钱，妈妈不舍得给。但这个需求是合理的，妈妈会勉强给予。孩子拿到零花钱后会开心，这时妈妈立刻会补充一句："咱们家挣钱很不容易，你要节约花费，你要好好学习，将来要孝顺……"

虽然孩子得到了零花钱，但他无法开心地去享受。

有些人会强迫自己陪伴伴侣和孩子，因为他们认为这是正确的做法。但对方并不会因为被陪伴而感到开心，如果在陪伴过程中对方有其他需求，他们会立刻爆发："为什么你这么多事啊！你还想怎么样啊？我已经放下自己的事情来陪你了，你怎么就不能满足呢？你怎么这么自私啊！"

一个勉强自己给予爱的人，并不会允许对方享受这份爱。

4

除了强迫自己给予爱会带来痛苦外，自身的匮乏也是一

二 我需要付出，也需要回报

种痛苦。当你责怪自己为什么无法给予爱时，你也忽略了自己其实也很需要爱。

当一个人给予自己所匮乏的东西时，他会感到困难。

这与是否爱对方无关。就像我们再爱自己的孩子，我们可能也无法给予他们购买豪宅所需的资金。

因此，当你不想给予爱时，你需要思考的不是"我应该怎么做"，而是"我自己是否也缺少爱？我应该如何满足这部分的缺失"。

这时，你拥有了关爱自己的机会。如果你不愿意向伴侣道歉，那么你会意识到其实你也很少被道歉。如果你不愿意给予父母关心，你会意识到你也渴望被关心。如果你不愿意给予孩子陪伴，你会发现自己也非常需要陪伴。

不愿意满足他人的需求时，实际上是在学习如何关爱自己。每次你不想给予别人时，其实是在表达"其实我很缺乏"。不愿意给予爱并不是你的错，而是你的缺失。

那么，如果你想学习如何给予你所爱的人爱，你首先需要学会如何满足自己爱的需求。

那么，如何满足自己呢？

第一步是正视自己的需求。如果没有这一步，再多的方法也无济于事。很多人对自己的需求感到羞愧，无法将自己的需要放到重要的位置上。

第二步是寻找方法。你可以向对方或其他人寻求，也可以通过自我分析找到方法。

关键是，你要明白：

方法有很多种，只有先照顾好自己，你才可能有愿意照顾别人。

现实换现实，情感换情感

1

有位同学说：我很努力地经营着亲密关系，下班后给老公做饭，老公想吃什么我就做什么，一直给他最大化的满足。老公也很顾家爱孩子，但我发现只要我们关系一亲密，他就不接纳我，总是嫌弃我。

我想告诉这位同学：你辛苦了，你付出了太多了。

其实，关系中低效的付出通常会伤害到自己。首先，关系并不容易进行交换，或者说它本身并不能用来交换。这位同学希望通过为老公做饭来换取他在情感上的接纳和认可，但最终没有实现，她因此感到非常伤心。我非常不推崇通过交换的方式来获得爱。其次，即使通过交换来获得爱，也应该使用一些更高级的方式。

在关系中的付出有两个层面：

现实层面，即在现实生活中为对方做事，让对方省时省力；

情感层面，即你的行为让对方感受到被认可、接纳和重视。

这两个层面并不是一一对应的关系，如果混淆了，你会容易伤害到自己。这位同学存在一个无意识的观念：通过为老公做饭来换取他的接纳和认可。给老公做饭是现实层面的付出，其出发点是让老公吃得饱、吃得好。然而，老公给予她的接纳和认可属于情感层面。

用现实来交换情感是非常困难的。

2

在感情中，我们需要把握一个原则：现实交换现实，情感交换情感。

如果你试图通过做家务来获得对方的认可，这就是现实层面换取情感层面。如果你用照顾老人来换取理解，也是现实层面换取情感层面。然而，用现实层面的付出换取情感层面的回报非常困难。你能够实现的是在现实层面上进行交换。你为对方付出了很多，这可以换来什么呢？最多可以换来他在现实层面上为你付出。简单来说，你为他做一些事情，他也为你做一些事情。

然而，这种交换并不是自动发生的，需要我们主动采取实际行动来进行交换。你为对方做了一顿饭，你可以要求他也为你做一顿饭,或者给你一些钱、买一个礼物。如果你认为你为对方做饭,希望对方主动用现实层面来交换,那会非常困难。当然,并不是说现实交换现实一定能够实现,而是需要你主动出击,表达自己的现实需求。相比于幻想对方主动来与你交换,用情感层面来交换会更容易一些。

如果你非要用现实层面来交换情感层面,那也不是不可以,只是通常会带来求而不得的痛苦。

3

如果你想获得对方的重视、理解和认可等,最好的方式就是采用情感交换情感。

通过给予对方重视,比为他做一顿饭更容易让你得到他的重视。通过给予对方认可,比为他做事更容易得到他的认可。通过给予对方理解,更容易得到他的理解。

那么,如何用情感交换情感呢?

非常简单,你在做这件事情时,你的出发点是让对方体验到某种情感满足。你为他做饭,他可以吃饱,但他有感觉到被重视吗?如果你做了饭,他只是吃饱了,没有感受到被重视,对他来说你只是实现了现实层面上的付出,而非情感层面上的付出。

你照顾老人和孩子,你实现了现实层面的付出,虽然很辛苦,但对方感觉到自己被支持了吗?

在做这件事情时,如果你的出发点是让他体验到情感满足,那么你是在实现情感层面的付出;如果你的出发点仅仅是完成这件事情,那么你是在实现现实层面的付出。

围绕着你的出发点,你可以更加精确地进行付出,避免无效的付出。实际上,出发点只是其中的一小部分,更重要的是对方能够体验到什么。我之所以称其为出发点,是因为出发点相对容易把握一些。

4

具体该如何去做呢?

首先,你要了解自己的情感需求是什么。你需要对自己的情感需求敏感,这样才能更好地理解别人的情感需求。

那么,如何知道自己的情感需求是什么呢?

在态度上,你要重视自己,你想要什么比你应该做什么更重要;在技巧上,你需要保持觉知,并学习一些方法来觉察自己内心真正的需求。

拥有良好的关系实际上可以用一句话概括:清晰了解自己的情感需求,清晰了解对方的情感需求,进而满足对方的情感需求。

二 我需要付出，也需要回报

失控的在意：冷暴力

1

冷暴力是一种让许多人都难以忍受的暴力形式。

忽视、敷衍等行为常常被认为是冷暴力的表现。对方会消失不见，即使不消失也沉默寡言，回应时也只说一两个字，多说一点的时候也只是敷衍了事，然后就不再继续交流，这些行为非常折磨人。

在遭受冷暴力时，你会感觉自己变得无关紧要。

冷暴力是如何被定义的呢？一个人不想与你交流，就被认为暴力吗？当我喜欢的女孩不理睬我，这让我很受伤，我是否遭受了冷暴力？对方什么都没做，却被称为暴力，对方会是什么感受呢？

冷漠不一定构成暴力。

2

冷暴力是站在受害者视角给行为命名的。

实施冷暴力的人不一定意识到自己在实施冷暴力，他们可能只是单纯地不想理睬你。他们可能觉得你很烦，通过疏离你来保护自己。当然，也可能他们别无选择，只能采用冷漠的方式来回击你。

唯一能伤害到你的冷暴力，其实是你的"在意"。当你在意一个人时，他就拥有了用冷漠伤害你的权利。我们不会被不在意的人的冷漠伤害到。

听起来似乎吃亏了：我在意你，你却伤害我，你辜负了我。但是，"在意"从来都不是一个伟大的词，它有两种情况：

1. 我在意你。无论你的饮食、感受还是生活，都让我很在意。在这种情况下，我希望通过我的关心让你变得更好。

2. 我在意你是否在意我。我的饮食、感受和生活，我都希望你在意。在这种情况下，我希望通过你的关心让我变得更好。

我非常在意你是否在意我，但你用冷漠告诉我，你并不在意我。

这，太伤人了。

二 我需要付出，也需要回报

3

那我为什么会在意，你是否在意我呢？

因为我曾从你的关心中获益。一个从来不在意你的人，你并不在乎他是否在意你。但是，如果一个人曾经让你感受过他对你的关心，你就很难接受他不在意了。这种感觉就是：

你让我有了希望，又拿走我的希望；你让我对你产生了依赖，又切断了我的依赖；你让我习惯了被爱，却收回了你的爱。

这实在太残忍了。这让我失控，让我难受。我无法承受内心的孤独、无助、挫败，我无法回到过去的自己，我只能指责你的冷暴力。

你曾经得到的越多，在突然失去时痛苦也会越深。因此，如果你觉得自己遭受了冷暴力，你除了指责对方为什么不再关心你，也可以回顾一下，过去你曾经因为被在意得到了什么。

然后，调整自己，重新出发。

4

重新出发的第一步是适应变化。你需要明白，人本来就是会变的，关系也会随之变化。

有些人喜欢固定不变的关系。实际上，这是一种逃避：不愿意学习如何了解自己的需求，不愿意学习如何满足自己的需求，不愿意学习如何理解对方，不愿意学习如何适应不断变化的环境。

如果你总是用固定不变的方式来应对关系，你就会渴望关系始终如一。

然而，变化是不可避免的。不管你是否愿意，你自己和他人都在发生变化。如果你不了解自己在发生变化，你会继续以相同的方式对待你内心无意识的需求。如果你不了解他人在发生变化，你会认为对方会永远以相同的态度对待你。如果你总是以固定的眼光看待变化中的关系，关系将通过制造各种痛苦来提醒你：关系已经变了，你也应该改变了。

冷暴力就是提醒你关系发生变化的方式。

变化有很多种形式。即使两个人的关系持续50年，也不会在这50年里始终如一地充满爱意。这期间，关系每分每秒都在发生变化，我们的身体和心理都在改变。我们通过学习、认知、经验、收入、与不同的人接触、领悟以及思维受到不同冲击而发生变化。然后，两个人通过各种方式的沟通来协调，重新适应彼此，达到动态平衡。

当适应失败时，潜意识会试图切断现有关系，建立新的关系来适应变化。

5

那么，我们应该如何处理冷暴力呢？

首先，被冷暴力只是一个信号，它提醒你关系发生了变化，而你没有随之变化。因此，你无须指责对方为什么实施冷暴力，因为指责不能改变结果。被冷暴力是一个思考和觉察的机会。

其次，学习。真正有效的方式是去学习，学习如何认识自己，学习如何认识对方。当你感受到对方的冷暴力时，你会感到受伤。这种伤害再次提醒你，内在的某些困扰被触发了。当对方停止关心你时，说明他也受到了某些扰动。因此，你需要思考以下问题：

我发生了什么？为什么我如此在意他是否关心我？他发生了什么？为什么他此刻不再愿意关心我？

当你开始思考这两个问题时，你就能发展出新的应对关系变化的方式。

至于结果，随着你的改变，他可能愿意以更好的方式与你沟通，或者你们的关系可能会破裂，但这些对你来说都是可以承受的。重要的是，你们能够达到一个新的平衡，这才是最好的结果。

别人的抱怨，为何让你烦躁无力

1

有一位同学说："我姐姐总是在跟我表达她婚姻中的委屈，让我感到很烦很无力，我不知道该怎么办。"

这是一个常见的问题。很多人对别人在自己面前表达负面情绪感到厌烦，觉得充满负能量。例如，有的父母会对孩子的负面情绪缺乏耐心。当孩子哭泣时，他们会制止孩子；当孩子抱怨时，他们会"纠正"孩子。伴侣关系中，也经常说"不要把外面的负面情绪带到家里来"，以此制止对方的抱怨。

好像他人的抱怨是洪水猛兽一样，会传染甚至伤害你。但其实仔细想下：别人的抱怨和委屈是属于他们自己的，与你并没有太大的关系。怎么会伤害到你呢？

如果你能够保持内心的边界，这些情绪并不会对你产生影响。如果别人的负能量对你产生了影响，那说明你与他人

二 我需要付出，也需要回报

形成了某种融合或共生关系。你真正需要思考的是：我是如何失去边界，让他人的负面情绪冲击到我的？

2

当别人向你抱怨和诉苦时，如果你感到压力和烦恼，不知道如何应对，可能是因为你内心存在着一种限制性信念深深地影响着你：

"你在受苦，我必须帮助你摆脱苦难。"

当你看到对方抱怨生活时，你就会觉得自己好像有责任帮助对方解决问题。你会觉得：当你抱怨我时，我就应该采取一些改变来让你心情好转。当你向我抱怨某人对你不好，我应该帮你出谋划策应对或积极安慰你。然而，我并没有如此强大的力量，我也没有更好的方法，我并不想帮助你，我的内心也充满了混乱，我没有足够的能力来处理这一切。

一个脑子在说：我应该帮。一个脑子在说：我帮不了。

你的内心会同时产生两股能量，并在瞬间发生冲突，这让你无法承受。表现出来就是你的烦躁：你别说了。只要你不再表达抱怨，我这两个声音就和谐了，我的自我就统一了。

因此，并不是他人的抱怨让你感到压力大，而是你想拯救他的心态让你感到压力大。不仅是他想侵犯你的边界，你也想伸出你过长的手来干涉他的世界。

3

因此,当别人向你诉苦抱怨时,如果你感到烦恼和无力,首先你可以欣赏自己:我是一个有爱心的人,我真心想帮助他,希望让他感到满意和快乐。虽然我能力上做不到,但爱心是可以用动机来判断的。

尽管表面上你感到烦恼,但在你的内心深处,你真心想帮助他。

其次,区分。你可能不知道的是:诉苦的人并不总是在寻求帮助。当别人向你诉苦时,有时候他们只是想告诉你,他们过得不开心而已。他们想表达情绪,就是想说说而已,并不一定要得到解决问题的答案。

每个人都是解决自己问题的专家,掌握解决所有问题的方法。诉苦的人通常知道该如何解决问题,只是暂时没有准备好去面对。有时候人们并非不知道如何做,而是因为被情绪所困,缺乏能量。低能量状态限制了他积极解决问题的能力。

当别人诉苦和抱怨时,如果你继续积极提供建议,你的建议会迫使他们停止情绪,进入理性思考。这会进一步消耗他们的能量,让他们感到更加烦恼。这就是为什么当一个人心情不好时,别人提出建议会让他们感到厌烦。

因为诉苦的人只是想倾诉,而你却在解决问题。

这种被打断的感觉真的很不好。他们只是想倾诉而已，所以你先别多管闲事、自作多情地想要帮他解决问题。

4

如果你真的想帮助别人，不是提供解决方案，而是帮助他们恢复一些能量。那怎么帮助他人恢复解决问题的能量呢？

倾听和认同是关键。

倾听就是最良好的安慰。不需要说太多，也不需要采取行动。让他们把话说完，你可以简单地附和一两句："哦，嗯，是啊。"

如果你想做更多，你可以表达认同："是的，很痛苦啊。那个人真过分，你该怎么办呢？"你表达认同的长度，不宜超过对方表达长度的20%，不然舞台又会变成你的。

通过带有认同的倾听，他人得以把委屈说出来，情绪会流走。这时候他们的智慧自然就会回来，自己就能想明白，从而获得处理问题的力量。倾听，就是无声胜有声的解决问题的境界。

但有时候这也很难。你会不想听，或忍不住表达，忍不住想纠正他们的观点。这其实是因为你自己无法忍受别人停留在痛苦中。你很着急地希望他们摆脱这种状态。

这时你可以思考：为什么你无法允许他们在痛苦中停留

呢?为什么你那么想要拯救一个人摆脱痛苦呢?

5

因为你从来不允许自己在痛苦里停留。

你的生活并非没有烦恼。当你遇到烦恼时,你不会倾诉,不会咀嚼给别人听,不会允许自己在这种状态里待太久,你很着急地希望自己走出来,你积极想办法解决问题。你的情绪,很难通过自然流动而消失,更多的时候是被你强行用理性压在那。这就让你自己的生命,绷得很紧。

因此,对于一个抱怨诉苦的人,你在乎他却不愿意帮助他,很可能是因为你自己也没有足够的能量了。这时候,更值得思考的是如何恢复自己内在的能量,让自己的生活变得充盈,能量充满,而这时候你可能需要别人的倾听和认同。你自己缺乏的,没有得到的,也很难给到别人。

因此,能否真正帮到他人并不是最重要的。重要的是,当你觉得帮助别人很烦的时候,这正是在提醒你,你自己更需要得到帮助。

你需要多些向别人倾诉自己内心的能力,让他倾听并认同你的委屈。通过让他人倾听,你的能量也会得到恢复。而在跟你抱怨的人,正是你可以学习的对象。你可以在平时多向他抱怨,诉说你的委屈,体验下这种诉说的快乐。

6

你,包括一些人,不愿意诉说委屈,有两个原因:

1. 这会伤害别人,没有人喜欢听你唠叨。
2. 这会浪费时间,不能解决问题。

第二个原因我们讲过了,倾诉然后被倾听,是解决问题的良策。这是在恢复能量的层面解决,而非从提供方法上解决。重点说第一个原因:诉说委屈,会让人烦吗?

别人这么对你你会烦,然后你投射性地认为别人会烦。

极端了,谁都会烦。但正常尺度里,别人是有一定接纳能力的。诉苦,除了让别人烦,还可能得到别人大量同情和安慰。其他诉苦的人之所以能诉苦,是因为他们本来就有大量这样的经验,所以相信了会被安慰。

很遗憾,从小到大,都没什么人对你的烦恼感兴趣过。更多时候,他们要你闭嘴,别哭了,甚至骂你怎么这么无能。

但你现在要知道:偶尔的诉苦,可以得到安慰。当你不再试图解决委屈时,表达委屈就成为一种与他人产生连接的方式。

我没那么好，也没那么糟

7

健康的关系其实就是这样的：

你抱怨一通，我抱怨一通。你说 ABC，我说可不是么，我再说 DEF。即使你抱怨我，我也可以抱怨你。我们相互争吵一番，然后重新和好。

两个人相处的感情，很大一部分都是通过"废话"建立起来的：有开心的事，跟你分享开心；有兴趣的事，跟你分享兴趣；有不开心，跟你分享不开心。就是这种看起来没有营养的、平淡的分享，构成了关系的主要组成部分。

有的人的世界就是个机器：遇到问题，解决问题；发现问题，解决问题。除此之外，都是废话，都是浪费时间。

你总是渴望解决问题，很重要的原因之一就是：你不能停下来，细细品味两个人的相处，细水长流，鸡毛蒜皮，这正是感情的精妙所在。坦然表达自己的委屈，允许别人表达委屈，也是与他人产生连接的一种重要能力。

当你拥有这种能力时，你可以与他人一起相互倾诉生活中的委屈，那将是非常和谐的画面。要知道，两个人之间的关系，并不一定非要非常伟大和正面，也可以叽叽喳喳浪费时间。

二 我需要付出，也需要回报

不拒绝便不自由

1

讨好的标志之一，就是不能拒绝。

不能拒绝不同于不想拒绝。当我们爱一个人时，是想满足他，不想拒绝他的。然而，当我们讨好一个人时，在内心深处我们可能很想拒绝他，却因为缺乏勇气和能力而选择妥协。大脑中存在一个强烈的声音：拒绝吧！拒绝吧！身体却诚实地选择了妥协。

我们希望自己学会拒绝。拒绝别人的好处显而易见：可以维护自己的边界，不用委屈自己，节约时间、精力和金钱。

然而，你要知道，人的潜意识总是在追求对自己有益的事情。人之所以会无意识地选择讨好，是因为虽然讨好会带来痛苦，但有巨大的好处。所以，我们思考为什么拒绝如此困难，实际上就是在思考拒绝的坏处和不拒绝的好处。

拒绝别人最大的坏处就是：可能让别人不开心。

尽管在现实层面上，拒绝别人并不一定会导致别人不开心。然而，只要一个人内心存在这种担忧，就足以阻止他们表达拒绝的意愿，足以支持他们选择讨好他人和委屈自己。

2

有些人会觉得：如果别人因为我而不开心，那就意味着我不好。

如果我做了什么让别人不开心的事，那我就是一个坏人、自私的人、计较的人、小气的人，我的价值感就会崩塌，我会觉得自己哪里都不好，整个人都糟糕透了。继而又会十分内疚：我是一个伤害了别人的人啊，我的天呐！我简直是"罪大恶极"！

这些人可能有很多被别人甩锅的经历，觉得都是因为自己不好才导致这种情况。也许是早年父母的不开心，让他们觉得自己的存在让父母不开心，让他们觉得自己是罪恶的。长大后，他们也会遇到一些类似的领导、伴侣，对方不开心就会将责任推给他们。这时候，他们会失去判断能力，一次又一次地强化"别人不开心，就是我的错""别人不开心，就意味着我不好"的想法。

因此，为了避免价值感的崩塌，为了避免体验到自己不好，他们只能选择通过迎合他人，来避免让别人感到不开心。

因此，不拒绝别人就是以最大化的方式体验到自己的价值感。

3

有的人会觉得：别人不开心了，就会惩罚我。

如果我拒绝了别人导致他不开心，他就会记仇，会在背后说我坏话，就会给我穿小鞋。这样一来，其他人就会普遍认为我很糟糕，我的生活、工作和社交关系都会变得非常糟糕。这会破坏我的安全感，为了避免产生不安全感的体验，我会选择不拒绝任何人。

这样的人可能有着计较的父母。每当他们让父母不开心时，父母就会生气，并对他们进行惩罚。这让他们潜意识里形成了一种认知：如果我让别人不开心，就会受到惩罚。因此，当他们看到别人不开心时，会自然而然地感到恐惧。

或者他们成长的历程中有很多这样的情况，一旦让别人不开心，别人就会用各种手段报复他们。这时候他们就会内化出一个经验：如果我让别人不开心，别人就会伤害我。

因此，选择不拒绝别人就成为获得安全感的最佳途径。委屈自己总比被惩罚要好一些。

4

有的人觉得：别人不开心，就会离开我。

如果我拒绝别人，别人就不会喜欢我了，不理我了，甚至会远离我。他也可能嘴上不说什么，但心里会默默地远离我。然后，我就只能一个人生活，我会非常孤独、无助，不知道该怎么面对这个世界。

这样的人，可能有很多让对方不开心后，他们对自己不理不睬的经历，他们内化了一种经验：如果我让别人不开心，别人就会离开我。拒绝别人就会把这种经验激活。

对他们来说，别人离开，简直是一件糟糕透顶的事情：我会变得非常孤独。我无法独处，需要与很多人建立亲密关系才能感到踏实。任何人的离开都会让我感到糟糕透顶。因此，对于那些极度需要他人陪伴的人来说，他们无法拒绝别人，也无法忍受别人的不开心。

因此，为了获得亲密关系的最大化，他们就不能轻易拒绝别人。

5

所以，你之所以发展出讨好和不拒绝的行为，是为了保护自己。讨好和不拒绝，并不是为了别人，而是为了自己。

二 我需要付出，也需要回报

这正是你潜意识的聪明之处。你看到的是自己讨好很累，而我看到的是你在努力生存下去。在某些人的潜意识中，好好活着是一件困难的事。

所以，当你感到讨好他人或者无法拒绝他人时，不要再去责怪自己为什么要讨好，而是感谢自己的聪明之举：选择了更重要的关系。如果没有这些人给予你价值感、安全感和亲密感，可能你的生活将变得非常艰难。

然后，你可以对自己心怀关爱：我难道不值得过上好日子吗？

如果你想改变讨好行为，不要强迫自己不再讨好，而是去发现：实际上你已经长大了，你不需要别人给予你这些，你也可以拥有它们，从而过上好日子，你已经成为一个可以照顾自己的人了。

此时，请你思考以下问题：

如果我拒绝别人，他们真的会不开心吗？

即使别人真的不开心，我为什么害怕别人不开心？

别人不开心对我意味着什么？

我到底在害怕什么？

我可以为自己做些什么？

弄清楚这些问题后，你就能自由选择是否要讨好他人。当你开始实现内心的自由时，你也将找到人生的意义。

为何选择性讨好

1

讨好者最大的特点就是委屈自己。宁愿委屈自己也不愿伤害他人。

然而,不要认为讨好者就是傻瓜,也不要责怪自己为什么总是讨好。一个人之所以选择讨好,是因为他害怕与人发生冲突。在讨好者的想象中,如果自己不讨好,别人就会不开心,就会与自己产生冲突,甚至会对自己进行指责、惩罚、抱怨。对讨好者来说,甚至别人的委屈都是一种隐性的指责。

对讨好者来说,冲突是他们难以承受的。因此,此刻,讨好对自己来说是最好的保护。

二 我需要付出，也需要回报

2

然而，作为一个成年人，冲突并不可怕。面对冲突，最简单的方法就是：能打就打，打不过就退。在某些情况下，你可以大胆地与对方发生冲突，但有时候你需要克制。你要知道没有人是绝对强大的，也没有人是绝对无能的。因此，一个成年人对待讨好的健康标准应该是：

有时候要坚决，有时候要讨好。

然而，一个害怕冲突的人会认为，在任何情况下，对方都无比强大，而自己则非常脆弱。因此，面对潜在的冲突时，他们会立即退缩。毕竟，安全至上。

因此，作为讨好者，你还需要思考的是，是什么经历让你如此害怕冲突，而不是为什么你要讨好。

讨好者从小到大经历了许多冲突，并且大多数时候都经历了失败。

如果你在小时候总是被父母、同学、邻居欺负，而且没有人为你撑腰保护你，那么这些被欺负的经历会在你内心中留下巨大的恐惧，以至于你身体的每个细胞都会记得这些恐惧。

当你再次面对潜在的冲突时，这些恐惧就会被激活。是的，你非常害怕，你害怕再次经历那种噩梦，所以你尽可能地避免冲突。

因此，当你讨好时，你可以回想一下，在你年幼时有哪些受欺负且难以承受的经历。然后，心疼一下那个受伤的自己，给自己一些安抚。

3

冲突本身不是问题，问题在于如何应对冲突。

想象一个人过度劳累会导致肌肉损伤。就像我长期写作导致腰部肌肉劳损，这使得我开车时腰部会疼痛，严重时站久了也会疼痛。我感觉我的腰部非常脆弱，与我的年龄不符。

然而，我不会批评自己，我只是心疼自己。我不再久坐，开始进行一些调理并做一些康复运动。一年多来，我感觉自己腰疼的次数越来越少。

人的心理和肌肉一样，在经历过过度刺激后，会对这种刺激变得不耐受。你经历了过多的冲突，就会对冲突变得不耐受。

对潜在冲突的回避并不会增加你对冲突的耐受力。相反，它会让你越来越害怕冲突。

此时，你需要进行康复训练。

4

首先，当你感到自己对冲突不耐受时，不要再忍耐。

就像我开车半小时开始腰疼时，我会果断停车在路边休息，晃动一下身体。对待冲突也是一样，当你感到害怕或想讨好时，你需要寻找避免进入冲突的方法。

其次，进行一些训练。

你可以尝试面对一些小冲突、小挑战，在确保不会伤害自己的前提下，采取一些维护自己的行动，提出一些要求，然后观察对方的反应。

如果对方妥协了，你可以欣赏自己：太棒了！你完成了一次冲突训练。你会知道这种冲突的程度是可以承受的，下次可以加强一点。

如果对方没有妥协，冲突升级，你需要及时停止尝试，保护自己。然后，你也可以欣赏自己：你刚刚进行了一次冲突尝试，并且了解了在哪种情况下会激发冲突，太棒了！

5

随着意识的增强，你会知道你可以与哪些人发生冲突，以及可以达到怎样的程度。

然后，你就掌握了一项非常棒的技能：选择性讨好。

这是一项非常棒的技能，能让你知道什么时候应该讨好，什么时候不必讨好。因为讨好本身不是问题，问题在于盲目地讨好。

那么，你真的已经很棒了！

二 我需要付出，也需要回报

付出的陷阱

1

付出是一种美德。

然而，在许多关系中，当你对别人太好时，实际上正在埋下破坏关系的种子。是的，对别人好，会破坏关系。

当你对别人好时，你无意识地期待着他们以同样的方式回报。否则，你就会变得具有攻击性，从而破坏你们的关系。

2

例如伴侣关系。

一位同学说："我不知道如何面对一个总是抱怨的伴侣。他抱怨天气，抱怨交通，抱怨一切。他说抱怨之后他心情会好起来。但我感觉，他的抱怨正在侵蚀我的好心情。"

如果你的心情足够好，实际上你可以影响对方的坏心情。比如，当你突然中了500万彩票，面对另一半对天气的抱怨，你可以迅速说一句："带你去吃好吃的吧！"如果你受到抱怨的影响，可能是因为你在压抑自己想抱怨的愿望，所以无法承受他人的抱怨。

这位同学说："我从不抱怨，因为抱怨没有任何用处，只会让别人心情变差。"也就是说，这位同学在无意识中照顾了伴侣的心情。

如果可以的话，谁不喜欢抱怨呢？抱怨给了别人，自己的心情会变好。然而，这位善良的同学放弃了自己心情变好的可能性，优先考虑了伴侣的心情。

你可以说，这样做是基本的、是道德的、是义务的、是应该的、是正常的。显然伴侣没有意识到这份好心，也没有回报你。

我们觉得这样的付出会让自己吃亏：你在关心伴侣的心情，选择不抱怨，但他并不知道，更不会以同样的方式对待你。

善良固然是美德，但在生活中，很多时候你的善良很难得到同样的回报。在这种情况下，你越善良，就越容易受伤，越会破坏关系。

还有一位女同学责怪自己的伴侣从不帮助自己。她的理由是："夫妻之间应该相互帮助，他是我的伴侣，应该帮我处理这些基本的事情。"

这个观点是正确的，但让这位同学有抱怨的底气，并不是因为伴侣有义务去帮忙，而是她觉得："当你有困难时，我总是尽心尽力地帮助你，为什么你就不能以同样的方式来帮助我呢？"

曾经无意识的付出，如今成为攻击关系的筹码。

3

在亲子关系中，有位母亲会因孩子不写作业而感到愤怒。愤怒背后，经常隐藏着这样的委屈："你为什么不体谅妈妈的苦心呢？"

然而，孩子为什么要体谅你的苦心呢？这位母亲通常也非常体谅自己的孩子，尽力满足他们的需求，总是把他们放在第一位。她也会无意识地产生同样的期望："我总是体贴你，你为什么不能同样体贴一下我呢？"

我们的父母对我们有更多的愤怒和委屈也是因为如此，他们觉得为我们付出了很多，但我们似乎不懂感恩、不懂体谅。

即使在普通的人际关系中，这种现象也存在。有些人难以理解他人的愤怒，他们潜意识中有一个信念："当我愤怒时，我总是尽量忍耐。为什么你不能像我一样忍耐？当我想发火时，总是会考虑到你的感受，不想伤害你，为什么你在想发火时不能考虑一下我的感受，不伤害我呢？"

4

你可以去体会每次自己感到委屈、生气、无助时,是否存在这样的想法:

我都是为了你……我对你从来都是……你为什么不能也这样对我呢?

实际上,你对别人付出越多,将来就越有可能要求他们以同样的方式回报你。我们从小就学习了"我为人人,人人为我""你对我好,我对你好"的理念,这是一种正能量,是和谐社会所需的。

我们可以铭记别人对我们的好,并回报他们,但你不能以此来要求别人,因为别人很可能无法遵守这样的规则。

其中有两个原因:

1. 他不知道你在对他好。

你付出了很多,别人并不知道。

你本来很累了,但为了照顾他,你仍然选择忍耐并付出。然而,在他们的体验中,这只是一件寻常的小事。你原本想要发火,但你忍住了,对他们来说,这只是你的正常行为。

很多时候,你忍耐了,不计较,不想破坏和气。然而,在对方的体验中,他们觉得你本来就理亏,所以才选择沉默。他们甚至觉得自己是有道理的。

2. 他们认为你热爱付出。

接受你的好,是为了成全你。

对他们来说,不打断你的好意已经算是在对你好了。

5

在亲子关系、父母关系、伴侣关系和其他关系中,我们当然要对别人好,这是让关系和谐与持久的法则。只是你要注意,要觉察以下几点:

你的付出是不是在委屈自己,是不是在忍耐,是不是心甘情愿的?任何一点委屈和不情愿的付出,你将来都会期待对方同样委屈。

当你付出后,如果对方依然对你很糟糕,或者对你很差,你能接受吗?

如果你在付出后,希望对方感恩你、喜欢你、改变对你的态度,这些隐藏的期望会成为你更加委屈和愤怒的原因。

真正的付出是要放下期望的。我对你好,仅仅是因为我爱你。至于你以后如何对待我,那是你的事情。我对你好与你对我好是两件独立的事情。如果你无法放下对对方的期待,那就不要付出了。

有些人觉得放下期待很难,实际上难的并不是不期待,而是"将自己放在第一位"。在自己和他人之间,我们很难优先考虑自己。我们习惯性地优先考虑别人,然后又习惯性地期待别人优先考虑我们。

关系中最困难的事情，其实是承认：我比你更重要。

我们当然要对别人好，但不要超过对自己的好。这样你就不会过度期待了。当你能允许自己比别人更重要时，你也能允许在别人的世界中，他们觉得自己比你更重要。每个人都应该优先为自己负责，这才是和谐关系的要义。

允许别人认为他们自己比你更重要，当他们拒绝你时，你也就不会太委屈了。

二 我需要付出，也需要回报

如何做一个不好惹的人

1

关系的本质就是界限的融合。

在人与人之间的互动中，事情可以分为三种：你的事，我的事，我们的事。当你专注于你的事，我专注于我的事，我们之间就没有交集，也就没有形成关系。而当我们拥有了共同的事情，关系就形成了，我们的界限开始融合，关系也变得更加紧密。

为什么人与人之间会产生矛盾呢？

因为双方无法清晰地区分这三种事情，无法达成一致。有些事情你认为是我们共同需要参与的事，而对方可能认为这是你的事，不愿意过多干涉。有些事情你认为是自己的事，想自己做决定，而对方认为这也是他的事，坚持要参与其中。对于某件事情，你们对于归属权的看法存在分歧，因此产生了矛盾。

比如说穿什么衣服。你认为这是自己的事，但实际上这不仅是你的事，可能还涉及你的母亲。在你看来，这是你自己的事，但在你母亲看来，这也是她的事。

也有人说："你的生命要爱惜，因为你的生命不仅属于你自己，也属于每一个爱你的人。"

再比如育儿。有些母亲认为这是自己的事，应该由自己决定；孩子也认为这是自己的事，应该由自己决定；婆婆也认为这是自己的事，媳妇应该尊重她的决定。三个人都想自己来决定。有些母亲认为育儿是两个人的事，因此对于丈夫不参与这件"我们的事"感到愤怒，但丈夫认为这是"女人的事"，不愿意参与其中。

再比如工作。员工认为下班后的时间如何安排是自己的事，但领导可能认为下班时间的安排是"我们的事"。

谁的观点是对的呢？每个人的视角都有其合理性，但对方无法认同你的观点。

2

解决争议的方式之一是对话。

然而，在界限问题上进行对话是非常困难的。虽然道理很清楚，但涉及利益时，人们很难在情感上接受自己在利益上的损失。另外，比起讲道理，更有效的方式是坚守自己的界限，保持边界感。坚守自己的界限，保持边界感的方式是：我向你展示我的力量。我不会主动侵犯你，同时也不允许你侵犯我。你可以不同意我的界限，但你必须尊重我的界限。你可以不尊重我的界限，但我会给你一个警示。

他人对待你的态度在很大程度上取决于你的态度。

当他人开始指责、控制、侵犯你时，他们正在破坏你的界限，将你的事当成他们的事。此时，如果你呈现软弱的态度，就像是一个妥协的人，正如苏洵在《六国论》中所说："今日割五城，明日割十城，然后得一夕安寝……古人云：'以地事秦，犹抱薪救火，薪不尽，火不灭。'"

在关系中，如果你一直妥协，对方就会一直侵犯，直到你无法忍受。当你开始维护自己的界限，对方才有可能停止侵犯。

这并不意味着一旦你开始维护自己的界限，对方就会立即停止侵犯。而是当对方发现侵犯你的界限需要付出更大代价时，他们才会停止。

因此，你需要坚定而有力地维护自己的界限。

这种原则在短期关系中同样适用，忍耐只能暂时平息风波，并不会解决任何问题。如果你选择不再忍耐，双方就会开始进行博弈：谁显得更强势，对方就会更妥协。

3

保持边界、维护自己界限的一种方式是展现出不好惹的一面。

当你没有受到伤害时，你是一个容易相处的人，你愿意付出、妥协；但当你受到伤害时，你需要展示出不好惹的一面，让别人知道伤害你是有代价的。

你可以保持这样的心态：人不犯我，我不犯人；人若犯我，我必反击。然后，你就可以达到这样的境界：威而不怒，亲而不侵。

你给人一种威严的感觉，但不容易发怒。你看起来亲近，但别人不会轻易侵犯你。这种境界源自两个方面的自信：

第一，实力。你不需要言语或行动，你的实力、权力和能力会让对方不自觉地妥协于你。在许多家庭中，经常会出现这种情况：经济地位相对较低的一方会不自觉地做出一些妥协，更害怕被抛弃的一方也是如此。

第二，气势。实力需要时间培养，但气势可以在短时间内培养出来。气势就是回击的能力。当有人对你言语不敬时，你可以以淡定或愤怒的态度进行回击。通过几句话就将对方驳得说不出话来，这样他们想要伤害你的冲动就会有所减弱。

你要相信，别人是可以改变的。随着你展现出不好惹的一面，别人来惹你的可能性也会降低。

二 我需要付出,也需要回报

付出感是怎么伤害关系的

1

付出是美好的事情,关系需要付出。你想得到爱,通过付出的方式也是最好的方式之一。

虽然不是所有的付出都有收获,但付出就是比不付出更有可能获得回报。

然而,付出感并不总是存在的。付出感是一种感觉,它并不完全取决于你实际上做了多少,也不仅仅取决于对方觉察到你的付出有多少。

关于付出,一个健康的人格应具备以下几个特点:

1.尽可能地识别对方的需求,在想要付出时能够有针对性地付出。他不会盲目地给予他认为对方应该需要的东西。

2.尽可能客观评价自己的付出,而非盲目扭曲、夸大或忽视自己的付出。他体验到的付出感与客观现实基本保持一致。

因此，一个懂得付出的人，并不会让自己过于疲累。他知道度在哪里，知道需要付出什么，知道自己付出的价值。然而，一个盲目付出的人，可能会充满委屈和愤怒，因为他感受到了强烈的付出感，却得不到相应爱的回馈。

所以，付出是否会换来爱呢？健康的付出有可能，而不健康的付出只会增加自己的付出感。

如果一个人坚信"付出才能得到爱"的逻辑，他可能并不仅仅是想增加自己的实际付出。毕竟，人的精力是有限的，总是做实际的付出会让人感到疲惫。这时候，人们可能会无意识地想尽办法提升自己的付出感，让对方知道"我为你付出了很多"，企图以此激发对方的内疚感，从而获得自己所期望的回报。

下面讨论三种常见的关于付出感的心理游戏。你可以看看下面哪些是你擅长的，哪些是你周围人擅长的。

2

第一种方式：夸大自己的付出。

我曾有一位同学在课堂上抱怨说，她的前夫给她买了一件家电，嘚瑟地说这个价值4000多元。但她查了一下，实际上这个家电原价4000多元，折扣后的价格只有2000元。以前夫抠门的性格，他不会购买原价的商品。但他故意夸大了价格，说成了4000多元，这真的很虚伪。

除了表面上的虚伪，前夫内心的动机也非常复杂：他买了这个家电，实际上只花了2000元，但他想要表达自己付出了很多。他希望以一种一致性的方式表达，"我虽然抠门，但我仍然愿意花2000元为你购买家电，以此表达我的重视"。

然而，他没有找到适当的表达方式，他想掩饰自己的抠门嘴脸，同时又想展示自己的重视，所以才夸大了价格。他希望对方认为他付出了原价的商品，以夸大的方式来加强自己的付出感。

这位同学看到了前夫的付出感，拒绝接受超过2000元的人情付出。她只愿意记下实际的付出金额，而不接受被夸大的价值。她认为，如果想让她记住更多的人情，那就必须以实际的付出为准。

所以，这两个人都是好人。前夫潜意识里的想法是"我离开你了，我仍然愿意为你付出"。而同学的潜意识想法是"我不想欠你的，所以你别夸大付出"。

然而，同学能够意识到的是虚伪和欺骗。

本来对方的付出是很好的，但一旦被对方夸大后，就会引发我们的反感。付出者本人只是想告诉你，他付出了很多，希望得到你的赞赏。他无法做得更多，而你迟迟不予认可，他无可奈何，只能自己夸大其词，试图强迫你认同。结果是，你感觉被强迫认同，感觉你的回报要超过实际价值，从而产生了反感之情。

你们都是好人,却都不愿直言。

3

第二种方式:缩小自己的能力。

通过缩小自己的能力,你可以让自己的付出显得更大。通过将自己描述得很可怜,就能够突出自己的付出有多么重要。

举个例子,如果我为你付出了500元,那么这个付出到底是大还是小呢?

对于中产阶级来说,这个付出可能并不算多。然而,如果我强调自己只有300元,我真的很可怜。即使我如此可怜,我仍然为你付出了500元,我愿意砸锅卖铁也要为你付出,厉害吧。

我将自己想象得非常弱小,然后告诉对方我是多么地可怜,以此来凸显自己的付出有多大,多么不容易。通过这种方式让对方看到,我付出了很多。

有些母亲可能会说:"我为你付出了一切。""为了你,我砸锅卖铁也要供你上学。""为了你,我付出了……"好像自己已经付出了所有一样,特别苦情,也特别悲壮。

你内心觉得你很可怜,很委屈,但你仍然选择去付出。这时候你可以思考一下:实际上你可能并不那么可怜,只是在用可怜来加持自己不多的付出,让自己显得伟大。

二 我需要付出,也需要回报

缩小自己能力的付出会让人感到反感。因为这将接收者置于一个坏人的位置上,好像接收者榨干了付出者的一切。接收者不愿意接受这样的设定,因为他想成为一个好人。

如果你身边的人总是暴露出自己的可怜,你可能会感到很负能量。实际上,他可能只是想强调自己为你付出了很多。

4

第三种方式:你不值得。

我要暗示你,你本来是不值得我这样做的。你本来不值得我付出,但我还是为你付出了这么多,这表明我为你付出了很多。

比如,当一个母亲暗示她的孩子是多余的时候,听起来是一种排斥,潜台词就是:"我真的为你付出了很多,你看到了吗?你生下来应该被扔掉,你生下来应该比男孩子差,但我不仅没有抛弃你,也没有重男轻女,我对你和男孩子一样好,我对你真的很好……"

一个奇怪的现象是:有些孩子认为父母重男轻女,而父母却认为自己对孩子很公平。区别在于,父母潜意识中认为女孩不如男孩时,他们对女孩的付出感更强。外表上看起来是平等的,但父母心中的预设是不平等的。

父母会觉得:我们对其他的孩子付出了这么多,他们可以不感激。但你是多余的孩子，却得到了这么多，你为什么不感激呢？

因此，当一个母亲暗示孩子多余时，她实际上想表达的是自己付出了很多。她只是想通过这种方式增加自己的付出感。

对于那些觉得孩子差的母亲来说，如果你的母亲经常觉得你很差，她潜意识中的初衷并不是想否定你，而是想表达：

你这么差，我还愿意对你好。你看，我对你多好啊。

她认为你差，只是在通过暗示你不值得，增加自己的付出感。遗憾的是，孩子真的会接收到这种暗示。

一个人认为你差，不一定意味着他真的认为你差。他只是在强调："你这么差，我还愿意对你好。"以此来突显自己的伟大。

5

当一个人想让对方知道自己在付出，但没有能力做更多时，他会习惯使用"夸大自己的付出""缩小自己的能力"和"暗示你本来不值得我这么做"这三种方法去实现心理上的付出感。

这种行为可能会让你感到反感。然而，实际上，这只是他们在无法做更多时寻求爱的一种方式。他们看似在伤害你，实际上只是在表达：

我已经付出了这么多，你能不能给我一点关注，说些好话，关心一下我，不要离开我，我对你到底有多重要。

然而，遗憾的是，这种行为越多，越容易让人反感。如果你是这样的人，你需要尽快停止，因为这会破坏你们的关系。你可以真诚地表达自己的需求，而不是觉得自己付出了很多。如果你身边有这样的人，试着理解他们，然后自己决定如何处理。

如果我爱自己,为何还要伴侣

1

有人说,爱自己,和谁结婚都一样。我其实很疑惑:既然都一样的话,那人为什么要花精力、时间去谈恋爱,去结婚,去建立亲密关系呢?

那是不是爱自己就够了,自己爱自己了就不需要伴侣了呢?是不是我成长到一定地步了,我就可以洒脱了呢?

道理上看起来无懈可击,但感觉上又不符合常识。那问题出在哪里呢?我们得从伴侣的作用说起。伴侣的重要功能就是满足我们内心的需求。比如,当我们感到孤独时,需要有人陪伴;当我们感到无助时,需要有人支持;当我们感到恐惧时,需要有人给予安全感;当我们感到喜悦时,需要有人分享;当我们感到自卑时,需要有人认可;当我们觉得自己有不足之处时,就需要被爱……

在内心深处,我们越感觉自己不够好,就越需要被爱;

越感到无法掌控生活，就越需要被爱。被爱在本质上是安抚我们内心的无助感。

从这个角度来看，一个人的内心越强大，确实越不需要被爱。在我毕业那年，刚去北京发展，一个人在异乡租房住特别孤独，工作也不顺利，自卑感特别强烈，那时我非常渴望谈恋爱，渴望有个人能够理解我、安慰我、陪伴我，一起面对困难。那种在陌生城市独自面对孤独和困难的感觉，让我难以承受。后来我在北京发展好起来了，交到了很多朋友，有了粉丝，物质条件有所提升，我的兴趣明显从谈恋爱转向了工作。从内心而言，我的重心从寻找一个人来满足自我变成了追求自我实现。

2

然而，这是否意味着我就不再需要情感了呢？工作之余，我仍然会感到孤单；没有婚姻，我仍然会焦虑；当我看到自己的不足时，我仍然会怀疑自己。我仍然有很多需求，无法自我安抚。

一个人只要拼命爱自己，他内心确实会变得强大，对感情的渴望会减少。在理想状态下，只要他足够爱自己，他确实不再需要任何情感。

然而，绝对的内心强大只是一个虚幻的理想。这是人类一个固有的限制，理想状态只能无限接近，但永远无法达到。人的局限性决定了我们有两个不可实现的事情：

第一，我们无法完全爱自己，无法在任何时候都充满自爱。

你可以挥霍金钱，但可能无法接纳自己；你可以全身心投入工作，不觉得孤单也不需要朋友，但在生病时很难不感到无助。你也无法在任何时候都顺风顺水没有烦恼，也无法对所有问题都有睿智的解答。面对大自然、面对人生、面对社会，无论你多么爱自己，你都无法单凭一个人的力量应对所有的困难和挑战。

这意味着你必须与另一个人建立关系。在你无法爱自己的那些方面，在你无法爱自己的那些时刻，另一个人的爱可以弥补你对自己的爱。这就是为什么我们需要伴侣，他们能在我们无法爱自己的时候来爱我们。

你也可以与很多人有情感纽带，但这也意味着多元关系失去了稳定性，无法获得安全感。

3

我能够爱自己的部分，我就不需要他人的爱。例如，我非常相信自己的美貌和才华，我就不需要他人的认可。我能够轻松赚到足够的钱给自己安全感，我就不需要他人提供物质支持。然而，当我无法爱自己的时候，如果他也无法爱我，就会产生矛盾。例如，当我感到孤独，无法安抚自己

二 我需要付出，也需要回报

时，他只是去为了家庭工作赚钱，却没有陪伴我，这时我们之间就会出现矛盾。

伴侣关系中的矛盾实际上是因为，我需要他的爱来满足我自己无法满足的部分，但他不能给予我这样的爱。

即使存在矛盾，有些人仍然无法离开。我无法离开你是因为，我内心非常需要爱，你满足了我的大部分需求，我不想失去你，但又不甘心没有满足的部分。于是，我通过矛盾来幻想你可以再多给我一些。

因此，矛盾产生的地方是你需要学会爱自己的地方。你越是爱自己，你的需求就越少，矛盾也就越少。你的需求越少，能够满足你的人也就越多，你在选择伴侣时的范围也就更广泛。

因此，感情问题本质上是在爱自己和被他人爱之间找到一个平衡。我能够爱自己的部分，由自己来满足；无法爱自己的部分，需要他人的爱；我多爱自己一些，需要他人的爱就少一些……

当你遇到给予你更多爱的人时，你就有更多的余力来爱自己；当你遇到给予你较少爱的人时，你就需要更多地爱自己。

没有人能同时处在两个极端。你必须明白：伴侣只是一个很好的补充，而非终极依靠。有时候，没有人爱你，这是一件很无奈的事实。然而，那正是你学会爱自己的时候。

我没那么好，也没那么糟

4

不被爱的时候是一道裂缝，你可以看到那是个不完美的缺憾，也可以看到那是爱自己的光照进来的时候。

当我们感受到不被爱的时刻，会触发我们内心的裂缝。这个裂缝让我们看到了自身的不完美和缺憾，但也给了我们机会，让爱自己的光芒得以进入。

不被爱的时候，我们可能会感到孤单、无助和失落。这时，我们开始反思自己的不足和需要改善的地方。我们看到了自己的脆弱和不完美，但也意识到自己值得被爱。这个裂缝成为我们爱自己的契机。

在那个破碎的时刻，我们可以选择深入了解自己，接纳自己的不完美，并学会爱自己。我们开始寻找自我成长和自我接纳的方式，填补内心的空缺，变得更加完整和坚强。

不被爱的时候也是一个关键的转折点。当我们开始关注自己，给予自己爱和关怀时，我们的内在力量会逐渐增长。我们学会依靠自己，摆脱对他人的过度依赖。我们开始欣赏自己的价值和独特之处，找到自己内心的平衡和满足。

所以，当你感到不被爱时，不要忽视那道裂缝。它是你走向自我成长和爱的路上的重要标志。通过这个裂缝，你可以看到自己的不完美,但也可以感受到爱自己的光芒。在那里,你将发现真正的力量。接纳自我,成为一个更加完整和坚强的人。

关系中的冲突就是需要

1

同学 A 说:"我老公经常挂我电话,也不说怎么回事。过后我问他,他就说在忙。问题是,他每次都说他很忙,有事的时候我根本找不到他。我非常生气。"

我问同学 A:"你想要什么呢?"

同学 A 说:"我希望他能及时接电话,如果不能接,至少回个消息告诉我他在忙什么,什么时候方便回电话……"

我问同学 A:"你对此做了些什么呢?"

同学 A 说:"我曾经向他讲过道理,表达过期待,请求过,但都没有用,他就是不愿意满足我。我不知道还有什么办法可以让他满足我,不让我这么生气。"

同学 A 钻入了一个死胡同,她一直纠结"老公是否接电话、回信息"这件事。然而,一直纠结这些,同学 A 的愤怒是无法被解决的。因为,即使老公在威逼利诱下及时接电话

二 我需要付出，也需要回报

并回消息，但他敷衍的态度仍会让同学 A 感到愤怒，因为她真正渴望的并不仅仅是接电话回消息。她渴望的是被重视。

如果同学 A 能确认自己对老公很重要，即使他数个小时不接电话，她也不会生气。然而，如果同学 A 不能确定自己的重要性，即使老公秒接秒回，同学 A 仍会感到伤心。同学 A 需要思考的是：

我该如何面对自己需要被他重视的需求？

如果我只是想索取，我该如何索取被重视，而不是索取仅仅接电话？如果我不想再索取，我又该如何放下呢？

每个人给出的答案都不尽相同。同学 A 向我寻求帮助时，我从她的原生家庭背景出发，帮助她更好地理解自己。同学 A 的童年经历非常不稳定，长期被寄养在不同的家庭。同学 A 从未感受过也不相信自己对任何人来说是重要的，这种感觉深深根植于她的内心。

同学 A 决定走出这个死胡同，她找到了很多证明老公重视她的依据，其中最重要的依据是：家里赚的钱都由她管理；在休息时间，老公经常陪伴孩子。

因此，同学 A 放下了老公必须接听她电话的执念。神奇的是，老公开始经常回复"等会儿""怎么了"，而不再敷衍了。

我没那么好，也没那么糟

2

同学 B 说：孩子把我的牙刷弄到地上了，他没有立刻捡起来，反而用脚踩。我很愤怒。我把孩子臭骂了一顿，他被我骂哭了，然后他捡起来后就跑到房间里关上门哭了。

我问同学 B："你想要什么？"

同学 B 回答："我希望孩子能立即捡起我的牙刷，并道个歉。我希望他养成尊重他人的好习惯，我希望他将来能过得好……"

我告诉她，如果她只是想培养孩子良好的习惯，她可以耐心地解释给孩子：为什么这样的行为是不好的，对别人产生什么后果，以及孩子应该如何做。如果她是出于对孩子的关心，她可以带着爱去教导孩子遵守社会规则。

同学 B 的愤怒，从表面上看是因为孩子不懂得社会规则，但从深层次上看，孩子的行为激发了同学 B 自己曾经未受到尊重的创伤。那一刻，同学 B 感觉到自己的牙刷对孩子来说一点都不重要，仿佛自己对孩子也毫无价值。同学 B 曾经经历过委屈，无论是在童年时期还是在工作中或婚姻中，她都与这支被孩子踩到的牙刷一样，不曾受到尊重。

同学 B 真正需要的不仅仅是孩子捡起牙刷，而是别人对她的珍视、尊重。

同学 B 赢了，孩子捡起了牙刷；但她也输了，她成了一个欺负孩子的人,她的内心依然没有得到安抚。

我告诉同学 B:"你首先需要面对的是受到欺负时的委屈,你需要面对自己没有受到珍视、没有受到尊重的感受。不要站在道德制高点上,用一种发泄情绪的方式去批评教育孩子。"

同学 B 决定向自己的孩子寻求帮助。她回去后对孩子说:"宝宝,对不起,妈妈不应该骂你,让你感觉到我不在乎你。其实我很希望得到你的关心,如果你能帮妈妈把牙刷捡起来,妈妈会觉得你在乎妈妈。"

一直以来,同学 B 都认为向一个孩子表达需求是很羞耻的。然而,这一次,她开始正视自己的需求,正视自己与孩子的关系。最终,她获得了孩子的理解。

3

关系中的冲突,源于需求的存在。

一个人的需要有两个层面:

1. 现实层面的需要;

2. 情感层面的需要。

很多现实需求很难说清楚,你有自己的道理,对方有自己的委屈。无论你采用何种方式表达,都容易让对方感到被强迫。

事实上,人们追求的不仅仅是现实层面的需求,还包括情感层面的需求，如被关心、被重视、被尊重、被认可、被接纳等。如果情感层面的需求得到满足，人们可以放下现实层面的需求，或者找到更合适的方式去满足需求。然而，如果情感层面的需求被忽视，而只执着于现实层面，解决问题将变得事倍功半。

你可以学习的是如何在需求层面解决关系问题，而不仅仅局限于现实层面。

当你在关系中遇到冲突时，不要急于问自己，对方应该怎么做，以及为什么你会受伤。你可以先向内寻找答案，问问自己，这代表了我的什么情感需求。

你可以思考如何以言语或行动满足自己的情感需求，而不仅仅是现实需求。

二 我需要付出，也需要回报

关注和陪伴，有什么用

1

人需要得到回应、需要被重视、需要被关注、需要陪伴……这些都是正常的需求。然而，人为什么需要其他人来满足这些情感上的需求呢？如果你要回应，智能机器人可以及时给你回应；如果你要关注，可以在家里安装监控设备24小时关注你；如果你想要陪伴，贴一张喜欢的明星的海报在床头就能每天陪伴你。人工智能能够提供给你的，似乎比某个人能给你的要多。

然而，人所追求的不仅仅是表面上的这些。有人说他们想要人的情感，但是随便找一个人就行吗？花钱请个人，天天在你身边，关心你、陪伴你、回应你，满足你的情感需求。这样可以吗？即使不是雇佣来的人，你也可以找到一堆人愿意为你做这些。

然而，这样显然不可行，因为你所追求的是某个特定的人的情感，而不是任意一个人的情感。这个特定的人之所以能让你无法割舍，一定有他的特殊之处。

为什么人会执着于某个特定的人来满足自己的情感需求呢？为什么他们的替代性如此之低？这个特定的人给予你的情感有何特别之处？对于这些问题的思考可以帮助你解决情感困惑。

人所需求的实际上并不仅仅是情感，而是某个特定的人。你似乎追求的是关注、陪伴、重视，但实际上你只是想确认这个人是否在你身边。当你无法感受到这个人的存在时，你希望对方做一些事情来证明他一直在那里。情感只是一种证明对方存在的方式。

关注、陪伴、重视等都可以被替代，但某个特定的人不能。

2

人需要情感，但并非在任何时候都需要。人只在某些时刻需要情感，而在不需要情感的时候，突然涌现的情感反而会让人不知所措。当你忙于自己的事务时，有人不断关注你、陪伴你，你会觉得被打扰。

人所需要的实际上是适时、适量的情感。过多或过少、过早或过晚都会令人烦躁。

那么，人什么时候需要情感呢？

当你内心感到无助时，你感受到孤独，无法安抚自己，你希望有人陪伴。那一刻，你感觉自己与这个世界失去了联系，无法面对自己的渺小，你需要确认有人在身边。那一刻，你对未来感到恐惧，你迷茫且无法应对，你需要有人在身边安抚你。那一刻，你对自己产生怀疑，感觉自己不够好，无能为力，你需要有个人在身边让你感到你是被接纳的，你不会被抛弃。

因此，你需要的不仅仅是关注、陪伴等，而是需要一个能给你安慰的强大存在。此时，伴侣不再只是伴侣，他在你眼中成为一个强大的客体，能够安抚你的脆弱和焦虑。人不会向比自己更脆弱的人索取情感，当你向一个人索取情感时，你必定先想象他是强大的。

此刻，你觉得他是最适合照顾你的人，所以你执着于让这个人满足你。

然而，对方并非所有时刻都像你想象的那样强大。他此刻可能也在经历困惑、焦虑和无助，无法顾及你。可在你看来，只有一种可能：这个强大的人抛弃了我。这进一步加剧了你的无助感。

3

当你在感情中因渴望而痛苦时，除了向外索取，你还可以向内求：

此刻，你需要通过他的情感来缓解内心哪些无助感？

这些无助感是什么？

这些无助感从何而来？

在你的无助感中，你只能通过自己的行动来照顾自己。而照顾自己的第一步是看清自己。你需要承认："是的，此刻我有些不太好。"

这些无助感可能是：我最近感到很挫败，觉得自己无所长；我最近感到很迷茫，不知道自己想要做什么；我对未来感到焦虑，不知道下一步该怎么走；我最近感到很疲惫，觉得应付不了那么多事情。

当你向外索取时，你会得到安抚，暂时忘记自己的无助感。尽管不被他人满足令人难过，但至少缓解了无助感。这是人们暂时自我救赎的策略，但并非长久之计。你需要停止急切地向外索取，静下心来聆听内心的声音，然后你会知道自己到底怎么了。

总而言之，人们真正需要解决的并非仅仅是情感，而是无助感，那种无力面对现实的感觉。

4

人是不是不需要情感呢？

当你能够照顾好自己的无助感时，确实可以不需要情感。然而，你并非在所有时刻都能照顾好自己的无助感。有

二　我需要付出，也需要回报

时候，别人来照顾你比自己照顾自己更容易。这时，你仍然是需要情感的。

谁应该为关系付出努力

1

当婚姻出现矛盾时,如果仍然想继续走下去,就要有所改变。不是你改变,就是他改变。问题是,谁改变呢?很多人参加了自我成长的课程,开始学心理学,然后回去实践。在实践的过程中,他们发现对方不怎么配合,越学越委屈。于是,他们会产生疑问:

两个人的婚姻,为什么要我改变呢?

是的,改变从来都是自愿的,没有人强迫让你去改变。也许对方不知道需要改变,也许他不愿意改变,这是他的问题。但是,你是否要通过改变自己来维持婚姻,这是你的选择。没有人强迫你必须改变,你有权自主选择是否改变。

实际上,在婚姻关系中,关于谁应该改变的问题,遵循着几个定律。了解这些关于改变的定律,你就可以自由选择是否改变。无论你选择一个人改变,或者不改变,或者其他方式，那都是你的选择。

你拥有选择的权力，同时也要对自己的选择负责。

2

定律一：谁更需要关系，谁改变。

矛盾的本质是权力的争夺，就是关于咱们的关系中谁说了算的问题。当你和对方都不愿意妥协时，就会发生矛盾。经过激烈的沟通后，你们可能会陷入冷战。如果要继续维持关系，就必须有人先妥协、让步。那么，谁应该妥协和让步呢？

是更需要关系的那个人。

对关系的需求越强烈，就越难忍受关系处于冷战状态。因此，在关系中更需要关系的人，往往会先忍不住做出妥协。相对而言，对关系不太在意的人可以更长时间地忍受。这种感觉就好比，面对不好吃的食物，谁会先去吃呢？通常情况下是那个更饥饿的人。

先妥协的人直接导致另一方无须再妥协。后者就在权力争夺战中取得了胜利。先妥协的人获得了关系，但也可能感到委屈：为什么总是我先妥协？

如果你是先妥协的人，不必感到委屈。你需要明白的是，你既想要自尊，又想要关系，但有时两者不可兼得。一开始你或许认为自尊更重要，但随着关系破裂的风险增加，你选择了关系。

这是你的聪明之处,你一直在选择更为重要的东西。你的妥协并不是为了对方,而是为了满足自己更重要的需求,即优先维护关系的愿望。

如果你感到委屈,你需要思考的问题不是"为什么他不改变",而是为什么你比他更需要你们的关系呢?婚姻关系是必需的吗?如果不是,为什么我害怕一个人生活呢?如果是,为什么我一定要与这个人保持婚姻关系呢?

3

定律二:谁更需要和谐,谁改变。

冲突并不一定要急于解决。很多人可以承受冲突,将其视为生活的常态。应对冲突的方式也不一定是改变自己,只要你比对方更坚定、更坚决,他就会选择改变或离开,你根本不需要改变自己。

对于很多人来说,他们自己的感受和利益比冲突更重要。因此,即使存在冲突,他们仍会优先维护自己的立场。这些人可能会选择指责、挑剔、理性辩论、冷战、威胁等方式来维护自己。

然而,对于另一些人而言,他们对冲突有着夸张的想象,认为冲突是灾难,是禁忌。他们非常渴望和谐,认为和谐比自己的立场更重要,所以在冲突产生时,他们会先放弃自我。对于这样的人来说，他们会选择忍让、妥协、改变来优先满足自己对和谐的需求。

所以，如果你优先考虑改变自己，你需要问问自己：

为什么和谐对你如此重要？

你是从哪里学到这个价值观的，是谁教给你的？

为什么他不害怕冲突，而你害怕呢？

在你追求和谐的同时，与冲突的他相比，你获得了更多或过得更好吗？

4

定律三：谁更难以耐受悬浮，谁改变。

矛盾会带来不确定性。你不知道婚姻关系接下来会发展成什么样，生活处于悬而未决的状态，充满了不确定性。我将这种状态称为悬浮。就像是婚姻中的"薛定谔状态"，是分离与和合的叠加。

有些人在婚姻关系中感受不到幸福，就急于寻求离婚。这些人可能无法忍受不确定性。因为急于主动离婚，这本身就是在消耗你的精力。如果你真的不在乎这段关系，除非有新的伴侣在催促你，否则你完全可以拖延直到对方不耐受时再解决问题。那时，你会有更多的议价能力，对你更有利。

宁愿放弃自身利益和议价能力，也要主动花力气离婚的人，只是想尽快结束悬浮状态，这样才会感到舒适。

而不想离婚的人，则会选择主动解决问题。他们宁愿自己稍微委屈一些，也不愿让婚姻一直处于分合叠加的状态中。他们无法适应这种不确定未来的生活，必须主动做出改变，消除不确定感，让婚姻回到熟悉的轨道上。

如果对方觉得无所谓，可以接受分离或和合，那他对悬浮状态就能够耐受，就不会着急做出改变。很多时候，不去消耗精力思考下一步该怎么走，才是真正的释放。

一个人之所以对婚姻中的悬浮状态无法耐受，是因为婚姻生活占据了他生活的主导地位。工作、娱乐、学习都围绕着婚姻展开，他无法忍受悬浮状态。而那些能够耐受的人，除了婚姻，还有许多其他事情要处理。婚姻只是他们生活中的一小部分，不必在其中消耗全部精力。

因此，如果你急于妥协或离开，你需要思考的是：

婚姻是否占据了你生活的主导地位？你为婚姻投入了多少精力？

5

如果你问我婚姻中是否应该通过成长改变自己，我非常支持人们寻求改变，毕竟"变则通，通则达"。

但改变自己不是为了迎合对方，而是为了满足自己。如果你觉得改变是为了对方，你会在这个过程中感到委屈。但如果你知道你是为自己而改变，你会更加坦然。成长不是改变自己，而是为了实现自己的目标。

改变自己的前提是意识到你更看重什么，然后选择放下或实现自己的关注点。无论是放下还是实现，都是为了让自己感到舒适。你要明白：

你的成长和改变的目的是让自己感到舒适。

难道让自己感到舒适这件事，你还指望别人来帮你吗？当然，如果别人能帮助你，那会更好。但当对方不配合时，你也要明白，你的舒适应由自己负责。

改变自己不仅仅是看到妥协的可能性，也是对关系进行思考和重新做决策。你需要思考为什么你更看重关系，为什么你更看重和谐，为什么你更看重确定感。妥协只是改变的一种方式。

选择改变自己是为了让自己感到更舒适，选择离开是为了让自己感到更舒适，选择改变对方是为了让自己感到更舒适，选择僵持也是为了让自己感到更舒适。你有多种选择。

改变自己可能会使对方受益，但最大的受益者一定是你自己。

你改变的目的是让自己更舒适，而不是为了维持婚姻。你的舒适感比婚姻本身更重要。

6

自我成长包括以下几个部分：

1. 增强自己对关系破裂的耐受能力。当你对关系的重视程度小于对方时，对方会改变。

2. 提高自己对冲突的耐受能力。当你比对方更能接受你们之间的冲突时，对方就会改变。

3. 提高对悬浮状态的耐受能力。婚姻只是生活中的一小部分，你还有自我、生活、娱乐、工作等。先放一放。当你比对方更能耐受时，对方就会先寻求改变。

也许你会担心，如果你不断放下，婚姻就会破裂。那你需要思考：为什么对方不担心呢？为什么对你而言，婚姻的重要性明显大于对对方的重要性？只有两人对婚姻的重视程度相当，才是成长的原动力。

婚姻对你们的意义不平等，这才是问题的根源。更重视婚姻的人应该先改变，而你可以选择成为更重视婚姻的一方，或者更不重视的一方。

二 我需要付出，也需要回报

影响伴侣，从自我成长开始

1

我一个人成长，能带动伴侣改变吗？

先说结论：能，但不建议。

关系是互动的结果，一个人的改变必然会影响另外一个人的改变。类似的故事有很多：

心理学家进行了一个长期的跟踪实验，将水平相当的学生随机分配到两个班级，一个班级正常成长，另一个班级则受暗示他们是被特意挑选出来的佼佼者。20年后，受暗示的班级的学生成就显著优于其他班级。这个实验告诉我们：当你欣赏一个人时，他就会朝着你期待的方向发展。这被称为期待效应、暗示效应或自我预言效应。

反之，当你总是对一个人说"你怎么这么不负责任"，他会变得越来越不负责任，因为他觉得无论他承担多少责任，只要达不到你的期望，你就开始指责他，他感到负责任和不负责任的待遇是一样的，于是他失去了负责任的动力。当你对孩子说"你怎么这么笨"，孩子也会接受这个评价，并变得越来越笨。因为他觉得即使努力了也被评价为笨，他会体验到绝望，觉得破罐破摔更轻松些。

如果 0 分和 99 分的待遇是一样的，很少有人会选择努力达到 99 分。但如果 99 分的待遇明显高于 0 分，人们就会有努力的动力。

人是会接受暗示的。我们是什么样的人，不仅取决于我们自己，还取决于我们周围的人如何看待我们。孟母三迁的故事告诉我们，一个人追求更好的自己，是希望通过与环境的互动来实现的。

在两个人的关系中，你和伴侣相互作用，所以你如何对待伴侣在很大程度上决定了他成为什么样的人。

2

以上是原理，以下是两种方法。通过自我成长带动伴侣的成长：

1. 减少对伴侣的压力。

如果你对伴侣的期望过高，他会感到被压迫，会有窒息感。如果你没有期望，伴侣会感到自己不重要，会有被忽视的感觉。合理的期望范围可以让你们更好地相处。自我成长实际上意味着既能依赖伴侣，又能独立。依赖伴侣可以分担

二 我需要付出，也需要回报

你的一部分压力，而独立则避免过度依赖导致失望。

当你的期望值在伴侣能够接受的范围内时，伴侣会感受到一种"被需要而没有压力"的感觉，这种感觉很好，会推动他愿意为你做更多，从而让你们的关系更加和谐。

实现依赖又独立的状态并不难：拒绝做你不愿意做的事情，向对方寻求帮助。在这个过程中，伴侣会学会如何与你相处。而做到这一点的前提是你保持觉察，知道自己不愿做什么，对方能够做什么——这也是你需要自我成长的一部分。

2. 增加伴侣付出的动力。

学会欣赏伴侣是让他增加付出的良好方式。两个人相处就像是半杯水，另一半永远不可能对你既无所付出又全力以赴。他的付出会处于"有但不够"的状态。在这种情况下，你对他的付出的评价非常重要。

你是看到杯子里有水，还是看到杯子里没水？你是看到他所做的那部分，还是专注于他未做的那部分？你是表达对他所做的那部分的欣赏，还是对他未做的那部分表示不满？

当你表达欣赏和感激时，对方觉得自己被看见了。被看见就是行动的动力，基于你的观察，他也会发现更好的自己，从而对伴侣关系更有信心。

重要的是，这种欣赏不是空洞的"你很好""你很棒"的说辞。而是真诚地发现他所做的那部分，发现其中的好。这需要你有一双能够发现美好的眼睛，这也是你自我成长的一部分。

我没那么好，也没那么糟

3

一个人成长，而另一个人似乎在享受成果？

理论上说，你的成长确实可以带动另一个人的成长和改变，但如果你以此为目的，你会产生巨大的心理不平衡感，不断感到委屈，并追问"为什么""凭什么"。这种感觉就像是在一条船上的两个人，只有你在划船，却有两个人受益，产生这种委屈的感觉是很正常的。

因此，以利他为动机的自我成长是不可取的。自我成长的首要目标应该是为自己，而不是为他人。

赠人玫瑰，手有余香。自我成长的伴侣能够从你的改变中学习，并将其内化为自己的改变，从而反过来加强你的改变。

同时，你掌握了主动权。

举个例子，让你体会这种动力：许多人在大城市努力工作，拥有大房子，白天上班，家里有保姆做饭、照顾孩子，晒太阳、喝咖啡。有人开玩笑说：年轻人通过努力工作，终于让保姆过上了理想生活。但是，如果让你选择，你会选择这些奋斗者辛苦的生活还是保姆的生活？

最大的区别在于：保姆的生活不是她自己的生活，而是由别人提供的；奋斗者虽然辛苦，但是他们过得踏实。婚姻中的成长也是如此，你的成长是为了自己，而伴侣只是顺带受益而已。当你不再希望伴侣受益时，你随时可以结束关系。

二 我需要付出，也需要回报

习惯性地包揽责任

1

有同学问："在与朋友相处或亲密关系中，每当发生冲突后，明明知道对方也有责任，但只要对方开口，我就会自动承担责任。然而，事后我会后悔不已，这是为什么呢？"

2

明明是对方的错，却主动承担责任，这看起来似乎很傻，但实际上很聪明。因为主动承担责任是化解冲突的最佳方式。

你可以感受一下这两句话的不同效果："都是你的错"和"我来处理吧"。它们会激发对方截然不同的反应。

前者会激起更多冲突，而后者则会缓和冲突。一个是点燃火苗，一个是扑灭火势。

你可能对冲突的容忍度较低，无意识地、习惯性地害怕更大的冲突发生，因此宁愿自己多承担一些责任，以扼杀冲突的萌芽。因为面对更大的冲突，你会感到无力应对。

然而，在冲突解决后，你会意识到这样做委屈了自己，然后开始后悔：为什么我要委屈自己呢？

实际上，这只是在危险时，下意识地保护自己的策略而已。虽然不一定是最理智的做法，却是最安全的做法。

3

事实上，每个人在危险和紧张的情况下，必然会退回到自己最熟悉的应对方式中，因为这种方式在感知中是最安全的，它无数次让你得以生存下来。

就像在你小时候，每当你感觉冲突即将升级时，你总是从自身找问题，因为这是让你安全度过冲突的最佳方式。

也许你对冲突有太多糟糕的经历，而那些经历曾经让你无法应对，让你极度害怕，所以你再也不想经历这种恐惧。因此，你选择主动承担责任来保护自己。这正是你潜意识的聪明之举。

4

因此，当你习惯性地承担责任后，不必责怪自己。相

反，要关注自己:

为什么我如此害怕与他人的冲突升级呢？我曾经经历过什么难以承受的冲突呢？那时我是如何通过"主动承担责任"来度过的呢？

当你重新思考这些问题时，相信你会做出新的决定。要知道，你的感受同样重要，而且你也很重要，你值得找到更好的方式来保护自己。

如何保持界限，不为别人的情绪负责

1

有的人是这样的：

当别人不开心时，他们会感到紧张，希望能安慰对方；当别人向他们倾诉烦恼时，他们会感到有压力，总觉得需要为对方提供解决方案；甚至在别人未求助时，他们就已经看不下去，觉得对方会感到痛苦。

然而，他们的时间、精力和能力都非常有限，无法做那么多事情，因此会产生烦躁的情绪。有些人会给自己一些解释："这是小时候父母给予的模式，只能承受父母的情绪，自己的情绪不被允许。"但是，知道这些又能怎么样呢？有些人会责怪自己，认为自己没有清晰的界限，不应该事事操心。

2

有时候,你确实需要对别人的情绪和困惑负责,因为"唇亡齿寒"。如果这个人不开心,接下来会影响到你,因此先解决他的不开心就是为了避免自己遇到麻烦。

比如,一个孩子正在哭泣。你不能继续做其他事情,而是首先要安慰他,然后才能处理自己的事情。又比如,如果领导不开心,你需要小心,避免再惹他生气,以免自己受到牵连。

别人的不开心会影响到你,虽然表面上一个人的开心与否是他自己的事情,但你会被牵连其中。在这时,他的情绪就成了你的一部分,你们在那一刻形成了共生关系。你并不是在为别人负责,而是为了自己的利益照顾对方。

因此,照顾好别人,就是照顾自己的未来。

3

问题是:接下来的伤害真的存在吗?

在小时候,父母不开心,你也会受到影响。明明不是你的错,但情绪会传染到你身上。这时候,聪明的做法不是讲道理,而是先照顾好父母的情绪。

但现在呢?你对面的人的不开心会对你产生影响吗?你

需要做出现实判断。如果会受到影响，那么你确实需要为对方的情绪负责。如果没有影响，你可以问问自己：你认为的影响从何而来？

然后一次次地告诉自己要剥离：没关系了。

这也是划清你和他之间界限、从共生到有界限的过程。

4

我们需要学会划清界限。但是，你也要知道此刻你并不需要为他人的情绪负责，而下一刻他人也不会为你的情绪负责。当你感到不开心或遇到困难时，他人也有可能不会关心你。

划清界限的一方面是，你不再为他人的情绪负责；另一方面是，他人也不再为你的情绪负责。

因此，照顾好别人的情绪时，你会有一个幻想：希望自己的情绪也能被他人照顾。你照顾他人的情绪，实际上是因为你需要他人照顾你的情绪。你认为他人也有这样的需求。

然而，划清界限的重要一步就是：

在将来的某一天，当你自己感到不开心时，你要首先学会照顾自己，而不是幻想着有人来照顾你。这才是真正的独立。

二　我需要付出，也需要回报

求回应，得挫败

当你能够照顾好自己的情绪，而不是指望他人照顾时，你就开始相信，他人也有能力照顾自己，不需要你承担责任。感情需求的矛盾：求回应，得挫败。

1

期待就是地狱。

在亲密关系中，当你期待一个人给予回应、关注、认可、重视和陪伴，但他无动于衷时，你很难放下这种期待，就像进入了地狱一般。这是亲密关系中最令人抓狂的事情：我需要他，但他不回应我。

有些人会劝自己要放下，告诉自己："算了吧，我不需要了，我已经不再抱有期待。"然而，我们很难真正做到放下，总是在不被满足的时候感到委屈和愤怒……其实期待始终存在。

有些人会选择通过放弃关系的方式来回避自己对对方的

需求，认为只要离开了这种状态就会好起来。然而，他们又会找到一堆理由不离开，其实是内心仍抱有幻想，认为对方是最能满足自己需求的人。

真正不再抱有期待的人，不会因为对方的所作所为让自己的心情起伏不定。他们设定了界限，拒绝被伤害，不再期待对方做什么。他们变得淡漠，无论做与不做，都视之为对方的自由，与自己无关。

当你的内心仍然因为另一个人起伏不定时，你需要面对自己的内心：虽然不应该再有牵挂，但你确实需要他。

你需要思考的是，在明知不会被满足的情况下，为什么仍然对这样一个人抱有期待。

2

向一个无法满足你需求的人索取回应、关注和帮助，能让人体验挫败感。当你需要，却被拒绝时，你会感到委屈、挫败和无助。这种感觉虽然让你难受，却让你感到熟悉。它与你内心深处的"我不重要""我不值得被爱"的自我认知相符合。在这种难受中，情绪浓度很高，特别有存在感。

让一个人有存在感并不总是带来喜悦，而是一种情绪上的激动。情绪浓度越高，你越能够体验到自己活着的感觉。

如果你变得聪明起来，开始学习"获得满足的技巧""及时放手寻找新的伴侣"等有效方法来满足自己的需求，你会体验到成功、幸福、愉悦和有价值感，这样的你虽然很好，却是陌生和危险的。为了不让自己体验美好，潜意识会让你陷入困境，经常体验挫败。

这种挫败感会让你忠于自己的内心孩童。如果从小到大，你一直感受到不被关心、不被重视和没有陪伴，那么你内心会有很多委屈和压抑。如果小时候的委屈没有得到关怀，它将一直存在。长大后，潜意识会不断让你体验这种糟糕的感觉，以提醒你曾经受过苦，你需要给自己关怀。

因此，如果你想找到满足感，首先要做好准备：我准备好过幸福的生活了吗？我愿意让自己变得幸福吗？

3

向伴侣索取情感满足会带来理所当然感。你会觉得，伴侣是最应该给予你情感满足的人，你认为伴侣"应该满足你的情感需求"的理由有很多：

我为他付出了很多，所以他也应该为我付出，给予我情感上的满足；他是我的伴侣，伴侣之间就应该这样那样，所以他应该给予我情感上的满足；他说过他爱我，所以我才把自己托付给他，所以他应该给予我情感上的满足；我自己很匮乏，内心世界很贫穷，我很可怜，所以他应该给予我情感上的满足……

从道理上说，他确实是最应该满足你的人。我们常常用

"应该"这个词来绑架身边的人。有些人憎恨父母,觉得父母应该给予他们关注、认可和支持;有些人会抱怨公司,认为公司应该提供福利、迁就和关怀。这些"应该"看起来似乎合情合理。

然而,世界并不是由"应该"构成的。最应该满足你的人并不一定是最能满足你的人,最能满足你需求的人往往是没有义务给你满足的人。

内心的匮乏也是如此。有时,从内心富足的人那里寻求满足,比从内心匮乏的人那里寻求满足更能安慰自己。有人会问,别人凭什么安慰你?但你要相信总有些人内心充满爱,即使你们刚刚相识,他们也愿意给予你许多满足感。

因此,如果你想找到幸福感,你需要思考谁最能满足你,而不仅仅是谁最应该满足你。

4

向伴侣索取情感满足会帮你逃避社交。谁最能满足你的内心需求呢?实际上是陌生人和朋友。当你孤单时,需要有人陪伴,有时一个你不熟悉的人比身旁的人更能陪伴你。当你需要回应时,有时你的朋友圈比置顶的人更能及时回应你。当你需要认可时,有时那些曾经的同窗好友更能满足你。

有些人认为他人的满足都不值得,只想要某个特定的人。那是因为你从未真正看待别人,你的眼中只有伴侣一个人,不知道其他人也能给你许多满足感。也许某些人的照顾让你感到不舒服,但这并不代表所有人都如此。你只需要花时间去找到那个让你感到舒适的人。

更大的困难实际上是:暴露自己的脆弱。如果你想要别人回应、认可、支持和陪伴你,就需要告诉别人你其实很脆弱,你的生活并不如意,你很难受。这意味着你的"看起来一切都很好"的形象会被打破,这可能让你感到羞耻,进而回避与他人过于亲近。此时,你需要敞开心扉,相信自己的不好也可以得到支持和喜欢。

有些人觉得麻烦别人。他们认为自己的需求不值得别人关心,不值得别人花时间,这是他们内心的不重要感在起作用。然而,只要你表达出自己的需求,很多人都愿意竭尽全力满足你。你或许不是他们世界中最重要的人,但你是重要的。

有些人将所有的需求都寄托在亲密关系中,实际上是在逃避社交关系。因为这些人认为抓住一只羊比寻找优质羊更容易。

5

为什么我们仍然需要亲密关系呢?亲密关系确实是我们内心需求的重要满足来源之一,但并不是唯一的来源。当你遇到困难时，伴侣可能是最能给你支持和安全感的人，但未必是最能理解、关心和回应你的人。伴侣可能通过行动、解决问题来表达关心，但未必能用言语、细节和日常生活来表达关心。

伴侣有两个不能：不能满足你的所有心理需求，不能随时满足你的心理需求。社交关系是伴侣关系的补充，但很难替代。然而，如果你建立社交关系，你就可以将部分需求转移到其他人身上。这样，你的亲密关系就有了呼吸空间，你的世界也会变得更加丰富。

很多人的社交只是维护自己的形象、获取资源、保持一定距离。然而，社交关系也是情感的重要来源之一，不应被忽视。

二 我需要付出，也需要回报

社交关系和亲密关系的不同

1

关系分为两种：社交关系和亲密关系。

我们内心深处，对每个人都存在一定的距离感。我们对有些人亲近，对有些人疏离。绝对的亲近是一种共生关系，你感觉他们是你的一部分。绝对的疏离则是陌生人，你与他们毫无关系。

远离的关系被称为社交关系，我们与这类人相处时会采用社交模式。亲近的关系则是亲密关系，我们与这类人相处时会采用亲密模式。然而，远和近的关系并没有明确的界限，它们并不是绝对的。

在角色层面上，关系可以是夫妻、亲子、亲戚、网友、同学、同事、朋友、合作伙伴等。但在内心的体验中，只有远或近、社交或亲密的区别。

夫妻、亲子等关系看似是亲密的，但并不一定如此。有些人在伴侣面前需要伪装、小心谨慎,就像在社交关系中一样;而在一些陌生人面前,可能会感受到放松、理解和接纳,觉得亲近。

2

社交关系和亲密关系的本质区别在于是否需要伪装。

在社交关系中,你需要表演,需要管理自己的形象。你努力打造一个良好的形象,展示出自己聪明、善良、优秀和得体的一面,让对方知道你是很出色的,从而维持社交关系。

有些人努力追求卓越,改变自己的缺点,实际上是为了更好地建立社交关系。因为他们想打造一个"更好的自己",以获得更多的社交关系。

相反,在亲密关系中,你可以放松、自在。因为真实的你是被接纳、被允许和被尊重的。你相信自己的脆弱、孤独和缺点都是被允许的,所以你不需要伪装。

在亲密关系中,你只需要"做你自己",而不是"成为更好的自己"。

社交关系的核心是"欣赏",亲密关系的核心是"接纳"。在被欣赏中,我感受到自己很出色;在被接纳中,我感受到自己是可以被允许的。

感受到"我很出色"固然很好,但维持这种感觉会很累；而感受到"我是可以被允许的"，让人感到轻松自在。

人的一生需要不断体验这两种感觉。遗憾的是，有些人执着于追求别人告诉他们"你很出色"，将关系不断转变为社交关系，却难以找到真正接纳自己的人，也因此无法获得真正的亲密。

3

社交关系的建立依赖于形象管理。你表现得越出色，越能吸引更多人靠近你。换句话说，你在某种程度上越优秀，就越能吸引更多人对你产生好感。

而亲密关系则是通过展示自己的脆弱来建立的。你透露出更多的脆弱之处，就能体验到更深层次的亲密感，因为这是别人接纳你的时候所感受到的。

你的优秀程度决定了你能够建立多少远距离的社交关系，而袒露自己的程度则决定了你与某个人能有多亲近。如果你非常优秀，会有很多人崇拜你；而如果你展示了真实的一面，就能与亲密的人建立更深的关系。

优秀决定了喜欢你的人的数量，而袒露则决定了这些人喜欢你的程度。

因此，如果你想建立亲密关系，就必须敢于展示自己的脆弱。如果你单方面追求优秀和完美，只会获得更多人的喜欢，但不能保证他们会进一步喜欢你。

即使你有很多社交关系，也不能减轻你的孤独感。你可能在舞台上闪耀夺目，在社交圈中非常活跃，得到很多人的崇拜。这暂时让你忘记了孤独，并陶醉其中。然而，这些人最终会散去。当你回到家，躺在床上，你又变回真实的自己，孤独感依然存在，甚至更加严重。

除非你学会袒露自己，将社交关系进一步转化为亲密关系。

4

然而，袒露是存在风险的。

第一个风险是别人会抛弃你。实际上，这只是让你失去了一些社交关系，而真正接纳你的人会留下来，进而发展成亲密关系。

因此，袒露自我实际上是一种筛选，筛选出那些真正愿意陪伴和接纳你的人。

如果一直通过展示优秀来维持关系，你将一直在社交圈中，无法确定谁是真正喜欢你的。

第二个风险是受到伤害。当你敞开心扉后，他人可能会利用你的脆弱攻击你，因此你需要逐渐暴露一些来试探对方的态度。

有些人在婚恋关系中无法真正放松下来，因此他们没有真正体验过亲密。他们可能非常确信伴侣无法承受自己的脆

二 我需要付出，也需要回报

弱，从而将婚恋关系变成了一种社交关系。即使这样的伴侣无法让你感到亲密，你也应该寻找能让自己感到亲密的关系。

当你小心维护一段关系、追求优秀时，当你与某个人在一起时，先问问自己：

我是想保持社交关系还是希望更亲密一些？

这将决定你是要展现更出色的一面，还是尝试告诉对方自己的一些脆弱之处。

5

那么，如何袒露呢？

告诉对方：我经历了什么困扰，我为什么感到不开心，我为什么感到自卑，我为什么感到失落、难过、恐惧……

即使你不想袒露自己，你也可以引导对方进行袒露。如果你希望对方对你产生亲密感，你需要做的就是问他：

你怎么了？你为什么不开心？你在担心什么？你是否感到委屈？你害怕自己不被喜欢吗？

心理咨询师就是通过这种方式，让来访者敞开心扉，与咨询师建立亲密感。如果你想修复与伴侣的关系，想与孩子建立亲密关系，你需要问的是"你怎么了"，而不是说"你应该怎么做"。

"你应该怎么做"试图将对方变成一个出色的人，原本的亲密关系会转变为社交关系,你们之间的距离会加大。"你怎么了"会将对方变成一个愿意向你敞开心扉的人,你们之间的关系会越来越亲密,距离也会越来越近。

所以,你希望对方如何对待你呢?

二 我需要付出，也需要回报

被拒绝，那又怎样？

1

有些人在被拒绝时会特别受伤。然而，出于礼貌或自尊，他们会默默承受伤害，表现出僵硬的状态，不知道下一步该怎么办。虽然嘴上说着"没事，没事"，但心里在流血。

实际上，被拒绝让人难受的原因在于产生了两种信念：

1. 别人拒绝我是因为我不好。这时候，人们体验到了一个非常糟糕的自我形象。实际上，这是自我价值感在起作用。你的脆弱心灵，在被拒绝的那一刻碎裂了。

2. 别人是坚决的、果断的，他们的拒绝是无法改变的；改变别人是不可能的，结果只能由我自己承担；别人不会顾及我的感受，也不会为了我做出改变。这时候，你会感受到面对一项无法实现的任务的无助感。

事实上，世界上所有的拒绝都有回旋的可能性，只要你愿意尝试，你就有改变结果的可能。拒绝并不是一个永恒的状态。

我会介绍三种操作方法，这些方法不一定有效，但可以增加被拒绝后回旋的可能。

2

第一种方法：反复提。

如果你的要求在第一次提时被拒绝了，这并不意味着你第二次提也会被拒绝。如果你愿意再次表达，以认真的态度再次表达，多次表达，就会有回旋的可能。

1. 让对方知道这个要求的重要性。

对方拒绝你，可能是因为他并不知道这个需求对你来说很重要。他根据自己的经验，默认了这只是件小事。如果你多次表达，对方就会从你的多次请求中，感受到你的这个要求对你的重要性，从而有可能重新评估。第一次的拒绝可能有很多原因，但随着请求次数的增加，人们在互动中想法也可能会发生改变。

如果你多表达几次，你就有了打开对方心扉的可能。就好像你插充电器，第一次没插上，你多试几次也就有了插上的可能。所以，在沟通中，为什么第一次被拒绝就放弃第二次尝试呢？

2. 让对方理解这个要求的重要性。

对方可能并不理解你的需求为什么重要。有些人认为自己的需求很重要,也会默认对方能理解他们的需求的重要性。实际上,通过简单的言语,很难让对方理解你的这个需求的重要性。

因此,在第二次尝试提出需求的过程中,加上一些解释,说明这个需求对你来说为什么很重要,为什么你希望对方来满足你的需求。这样,即使被拒绝,你得到回旋的可能性也增加了。

这种方法的重点是:让对方知道并理解这个需求对你来说非常重要。而你,千万别默认对方知道你的需求对你来说很重要。

3

第二种方法:交换。

即使别人理解了这对你的重要性,仍然可能拒绝你。因为他有另外的考虑:答应你对他来说没有好处,甚至有坏处;满足你对他来说是得不偿失的。虽然满足你可以让你高兴,但对方觉得此刻的你不值得他付出那么多。此时,你们的关系处在"我有求于你"的失衡状态。

此时,你可以思考:我可以做些什么,让对方觉得满足我是件值得的事呢?我可以用交换的方法来重新实现平衡,此时对方就有了满足我需求的可能。

你可以做的包括：

1. 询问顾虑。你可以问对方有何顾虑：你怎么想？你担心什么？你觉得存在哪些难处？你可以通过真诚的沟通，找出对方关注的问题，并帮助他解决这些顾虑，这样他拒绝的可能性就会减少。

2. 询问需求。那么，我可以做些什么，让你愿意满足我的需求呢？我可以为你做些什么，以换取你满足我呢？当你开始提出这个问题时，你激发了对方的思考，从而增加了回旋的可能性。你可以邀请对方提出他的需求。这样，你与对方就有了进一步协商的可能性。

3. 提出建议。如果对方无法想出解决方法，你可以说："如果我可以做XX，你愿意满足我的需求吗？"比如，我曾经想上一个老师的课程，我提出给我一个优惠，但对方拒绝了我。于是，我提出："那我能不能帮你宣传，引荐一些同学来上你的课程？这样，你可以给我优惠吗？"对方直接提出，如果我介绍5个同学来，他就让我免费上课。

4. 主动寻找。有时候提问是无效的，对方可能不愿回答、不愿与你沟通、不愿欠你人情。这时候，情商高的人会主动了解对方的需求，然后主动满足他们。例如，有些被客户拒绝的人会调查客户的个人生活需求，然后尽力满足他们。这样，客户就会感动，最终签下合同。

通过以上方法，你可以增加被拒绝后回旋的可能性。记住，交换是双方都能获益的，通过互相满足需求，你与对方之间的关系可以达到更好的平衡。

4

第三种方法：威胁。

如果对方还是不愿意满足你，说明满足你这件事对他来说确实需要妥协或牺牲，可能是现实层面的牺牲，也可能是心理层面的妥协。不论是何种付出，对方都会感到不舒服。这时候，你可以通过制造更大的不舒服来抵消这种不舒服感。

先讲一个钻石和刀子的故事：

有一位王子对姑娘说："给你这颗钻石，你愿意嫁给我吗？"姑娘说："我考虑一下。"在回家的路上，姑娘遇到了一名歹徒，歹徒拿出刀子对姑娘说："如果你不嫁给我，我就杀了你。"于是，歹徒得到了姑娘。

相比于得到，人们更厌恶损失。因此，你可以告诉对方："如果你不满足我的需求，我会对你……以我现在的能力、资源和手段，我可以影响到你的……"通过这样的方式，迫使对方愿意为你妥协。

只要你掌握了对方的软肋，知道他在乎什么，你就可以使用这种方法。然而，这个方法应该是最后的手段，要慎重使用。因为每使用一次，其效果就会减弱一点。对方被威胁过一次，就会做一些心理建设以防下次发生。

当然，你也可以在平时多关心对方，多付出，增加他对你的依赖感，以此持续增加当你有需要时"威胁"他的资本。

5

你可以看看自己手里有哪些底牌，灵活运用以上策略，你就学会了有效应对被拒绝的方法。

心智不成熟的人在被拒绝时会被情绪左右，有时候会陷入自责、自我怀疑、孤独、脆弱、挫败和迷茫等情绪之中。

心智成熟的人会思考以下四个问题：

1. 我想要什么？
2. 为什么对方拒绝我？
3. 我可以做什么来改变对方的想法？
4. 当我尝试了所有方法后，对方仍然不改变时，我还能做些什么？

被拒绝从来不是可怕的事情，这只是一种平常的挫折。挫折本身不可怕，可怕的是在一次挫折中就放弃并倒下。你当然可以选择放弃，但放弃之前，要思考是否还有其他方法可以尝试，放弃是否值得，是否是自己心甘情愿的。然后，让自己释怀。

当你为自己想要的东西思考和努力时，相信这个世界会回馈你很多。这样，你就实现了大多数人羡慕的一种状态：心想事成。

二　我需要付出，也需要回报

妈妈，家庭中的人生导师

1

我们来谈论一下心理学上的"妈妈"。当然，这里也包括现实生活中的"爸爸"。

要知道，"妈妈"首先是一个"人"，然后才是一位妈妈。

作为一个人，妈妈注定无法给予孩子无条件的接纳。尽管妈妈常常有这个愿望和幻想，但这仍然是不可能实现的。作为一个人，妈妈有自己的价值观，内心存在许多关于"人应该怎么做""什么是不好的"等想法。比如：

人应该优先考虑他人的感受，将自己置于糟糕的境地。

人应该追求卓越，平凡是糟糕的。

人应该做每件事都无误，犯错误是糟糕的。

人应该顺从权威，叛逆和自我是糟糕的。

……

这些都是妈妈对"人生应该如何度过"这个生命议题的看法。妈妈不会认为这是她自己的价值观,而是将其视为世界的真理、唯一的规则,并要求孩子按照相同的价值观生活。

一旦孩子不认同这些价值观,妈妈就会产生抛弃孩子的幻想,尽管这种幻想是在潜意识里默默进行的,但是孩子能感受到。为了生存下去,孩子会迎合妈妈,甚至认为只有这一条路可走。

听起来有点危言耸听,让我们来看几个例子。

2

在电视剧《了不起的儿科医生》里,演员陈晓扮演了一位非常厉害的儿科医生邓子昂,他在事业上非常成功,但对谈恋爱没什么兴趣。

邓子昂的童年非常悲惨。爸爸妈妈每天忙于工作,没有时间照顾他,父母只负责提供足够的金钱,让他自己成长。在邓子昂生病晕倒后,由别人发现并送往医院,甚至当他醒来时也没有父母在身边。对邓子昂来说,这样的经历是非常痛苦的。

邓子昂长大后,一次妈妈忘记了他的生日,第二天来道歉并约他共进晚餐。然而,刚商定好晚餐的时间,妈妈又因为一通工作电话而离开。在妈妈的眼里,工作比儿子的生日更重要。

在漫长的成长过程中,邓子昂要如何生存下去呢?他是否还应该相信家庭比工作更重要呢?这样的期望只会让他感到绝望。他只能默认这个世界的规则,"人必须将工作放在首位""依赖他人是不好的",只有这样才有可能生存下去。

邓子昂的父母从未教过他这些规则,但他通过观察父母并认同他们的人生观,才能在这个世界上生存下去。

3

上学迟到会被批评吗?

同学 A 有一个在上幼儿园的女儿。每天早上,同学 A 都会用不耐烦的语气要求女儿快点穿衣服、快点收拾东西,不允许女儿迟到。我和 A 讨论她为什么如此着急,A 说:"幼儿园老师说 7:40 到校,你总得提前到吧。如果迟到的话,老师会批评孩子。"

实际上,A 并没有验证过幼儿园的老师是否会批评迟到几分钟的学生,但 A 坚信这是事实,她坚信:"迟到会被批评"和"批评是糟糕的"。A 认为被批评有多糟糕,她对女儿迟到的行为就会有多愤怒。

从动机的角度来看,同学 A 的愤怒实际上是为了保护女儿,避免女儿经历糟糕的情况。

那女儿为什么会磨蹭呢?她要么不相信迟到会被批评,

要么认为被批评并不可怕。此刻，女儿的价值观与妈妈的价值观不同。然而，价值观不同的代价是女儿必须承受妈妈情绪的风暴。迟到的惩罚并非来自老师，而是来自妈妈。

对于一个5岁的孩子来说，这无异于自己要被抛弃、被伤害。如果女儿不迅速认同妈妈的价值观并放弃自己的想法，她的生存将受到威胁，因此她只能认同妈妈的"人是不能迟到的"这一条路。

4

不优秀是可以的吗？

同学C是位成功人士，她的女儿也非常优秀。她认为女儿是自己最重要的存在，比工作重要得多。她对女儿寄予了很多的期待：陪她去打冰球，参加比赛，希望她赢得很多的奖项。

有一次，女儿打冰球获得第三名，同学C很生气。她认为女儿不够上进、训练不够刻苦，而且只得了第三名还不感到羞愧。当同学C和我谈论女儿打冰球得了第三名时，我看到C满脸的不满。

我对C说："你好像不喜欢第三名的女儿。"C有些不情愿地承认了。

我接着问："如果你女儿将来很平凡，你会有什么感觉呢？"C说："我会觉得我付出了很多精力，女儿却不争气,我会感到很失望。"

同学C每次对女儿的愤怒、厌弃和失望,实际上都是在告诉女儿:"我不喜欢你安于平凡,我想惩罚你,我想抛弃你。如果你不够优秀或者不努力追求优秀,你就不配好好活着。"

在这种情绪的影响下,女儿该如何生存呢?面对一个比自己强大的人,要与她共处几十年,唯有顺从是最安全的方式。选择顺从的女儿必须内化出一种价值观来支撑自己:"人必须不断追求优秀,平凡和懒惰是糟糕的。"

这正是母亲对待自己的方式。尽管同学C从未对女儿说过"你必须保持优秀"之类的话,也从未表达过这样的期待。但同学C每次对待女儿的态度都在告诉她:"如果你不按照我的方式去活,我将剥夺你的生存资源,用我的情绪将你淹没。"

5

在妈妈的世界里,有一个自己的排序:

别人很重要。

优秀很重要。

做对很重要。

事情很重要。

工作很重要。

听话很重要。

守时很重要。

……

妈妈以为自己可以对孩子实现无条件的接纳，然而当孩子的行为与自己的价值观不符时，妈妈就会表现出焦虑。

比如，你认为"勤劳很重要"，当你的孩子偷懒时，你会焦虑。你认为"别人很重要"，当你的孩子先考虑自己而不是别人时，你会愤怒。

一两次你可以忍耐，但忍耐本身是不可持续的。你会发现，在长时间的相处中，所有的忍耐最终都会爆发。

6

人的本能就是排斥与自己不一致的生活方式，这是可以理解的。我们可以尊重别人与我们不同的生活方式，前提是：你离我远一点，我们没有太多的交集。

亲子关系作为非常亲密的关系，妈妈是不能允许孩子的价值观与自己的不同。孩子可以在具体的事情上表现叛逆，展现与妈妈不同的行为。但对于"人的一生该如何度过""什么是更重要的"之类的核心价值观，必须保持一致。

因此，有一种方式能够帮助妈妈实现对孩子无条件的接纳：

妈妈对自己有多宽容，才会对孩子有多宽容。妈妈愿意尝试多少种人生方式，才能允许孩子尝试多少种人生方式。

二 我需要付出,也需要回报

母爱与焦虑:透过焦虑看爱与成长

1

大家有没有对自己的孩子发过脾气?例如,看到孩子不认真写作业或过度使用手机,就感到很生气……

成为妈妈后,有些人会对自己感到愤怒。即使学了很多育儿知识,依然会感到焦虑。当孩子遇到问题时,这些人自责不是一个完美的妈妈,为此感到沮丧和挫败。

虽然理智上我们知道因为孩子或者自己生气,产生负面情绪是没有必要的,但在情绪管理上很难做到。

2

我想从一个不同的角度来讨论妈妈对孩子的控制和负面情绪的发泄:

你非常关心孩子,因为你有很强的责任感;你深爱着孩子，担心他的未来；你对孩子要求很高，希望他变得越来越好，甚至成为完美的孩子。这些都是你最初的动机。

然而，由于某些原因，你无法真实地表达自己的情感，而是以带有愤怒情绪的样子表现在孩子面前。

因此，虽然你表现出来的是生气和其他负面情绪，实际上你的内心是焦虑的。你关心孩子，你担心孩子，而这一切都源自你对孩子的爱。

然而，这并不意味着向孩子表达愤怒或控制是正确的。当然，我们也不应该忽视妈妈的动机，即担心孩子未来的幸福，担心他遭遇困难等。因此，妈妈们需要调整的是自己的表达方式，而不是完全否定自己。

所以，我想告诉愤怒的妈妈们：

当你对孩子表达愤怒时，我希望你不要忘记自己最初的动机，即你真心关心他。

3

既然如此，真正的问题是妈妈为什么会焦虑，而不是妈妈为什么会愤怒。

这是因为在妈妈的世界里存在一些让自己和孩子都感到辛苦的预设。这个预设是：

幸福是一件很难的事。

如果要实现幸福，我们必须变得优秀，必须进入好大

二 我需要付出，也需要回报

学，必须拥有好工作。我们给幸福设定了许多条件，并且向孩子暗示：

如果你将来不达到这些条件，你可能很难幸福。甚至更夸张的表达就是：活着本身就是一件很难的事情。我担心你将来无法生存，担心你找不到好工作，担心你无法成功，生活会很艰难。我们也需要很多条件才能继续生存。

因此，我们就要抓住活下去的关键。哪怕你还是个孩子，我也要告诉你，为了二十年后的生存，你现在必须努力。

活着真的很难。

但孩子无法理解。什么？为了二十年后能生存，现在就要付出这么多？所以，他不会配合你，因为他没有你的焦虑，也无法理解你的焦虑。

好吧，既然你无法理解，我就用愤怒的表情、夸张的语气吓唬你，让你现在就感到恐惧。让你明白如果不认真学习，现在就会有危险。

4

那么，妈妈为什么会向孩子传递这种焦虑呢？

因为你自己的生活就是这样的，总觉得不幸福。你认为只有当自己拥有了更多、更好的东西之后，才能幸福、才能生活，这是你生活中的危机感。

愤怒只是你传递自己世界中危机感的一种方式。幸福太难了,你不相信一个普通人可以平凡地过得很幸福。因此,你采用愤怒的方式告诉他们:普通人是无法幸福的,甚至普通人的生活会很艰难。

妈妈对孩子的教育本质上是在传递妈妈的价值观。当孩子抗拒接受妈妈的价值观时,妈妈就会愤怒。因此,妈妈可以首先思考自己:

我应该以什么样的方式度过我的一生?这种方式会让我幸福和放松吗?如果没有,我能做些什么来让自己的生活更幸福呢?

如果你坚信自己的价值观是正确的,认为幸福确实很难,人们应该在恐惧中努力变得优秀,这没有问题。这时你需要思考的是:如何更好地将这种价值观传递给孩子呢?

三

好好说话，好好倾听

家庭的语言：谁有情绪，谁胜利

1

有同学说："我的儿子 8 岁了，最近总是情绪崩溃，大喊大叫，稍有不顺心就发脾气。作为妈妈，我很担心，不知道该怎么安慰他。"

我告诉这位同学："欣赏你的孩子，他如此富有智慧且具有生命力。"

这个孩子经常发脾气，妈妈前来寻求安慰和指导。这是因为爱发脾气的确会带来不好的结果，妈妈的担心非常合理。但与此同时，这也是孩子的胜利，妈妈非常担心他，想安慰他，他成功地引起了妈妈的关注。

这个孩子成功地掌握了一种获取妈妈关注的方式——情绪崩溃。

每个孩子都在努力摸索着找到引起妈妈关注自己的方式。每当他取得一些成功，他就会下意识强化这种方式。有些孩子发现乖巧能吸引妈妈的注意,有些孩子发现优秀能吸引妈妈的注意,有些孩子则发现调皮能吸引妈妈的注意。这是孩子的智慧,也是孩子富有生命力的表现。

通过观察,你可以知道家里谁是最聪明的人:

在你的家庭中,是谁以什么方式吸引了你的注意力?你又是通过什么方式获得其他家庭成员的关注呢?

2

这位妈妈补充道:

这个是大宝,我还有一个3岁的二宝。二宝很调皮,有时候大宝在写作业或做其他事情时,二宝会来捣乱。大宝就会推开二宝,并说要"决斗",这时候二宝就会哭闹。此时我会告诉大宝:"你这么大了,应该让着你的弟弟。"而大宝则说:"我要公平。他能欺负我,我为什么不能欺负他!"而妈妈的反应则是耐心给大宝讲道理:"都是亲兄弟,一家人,哪里有公平不公平啊。"

"大的应该让着小的",这是孤立孩子的一句话。这句话实际上是在说:我和小的是一伙的,你才是外人,我们不在乎你。

从妈妈的角度来看,两个孩子都是自己的,没有公平和不公平之分。但对孩子来说,对方只是竞争者,我让着他,那谁来让着我呢?

更重要的是，这位妈妈在向大宝展示：3岁的弟弟可以通过哭闹获得妈妈的关注、保护和支持，甚至不惜伤害一个8岁的孩子。

幸好孩子通过使用"公平"这一词汇获得了妈妈的关注。

在妈妈的心中，实际上已经建立了序位：二宝是第一位，大宝是第二位，自己是第三位。这使得二宝最有可能闹，大宝其次，而妈妈几乎不会闹。

3

这位妈妈补充说：我也意识到大宝对于我提出要求和我说一些否定的话很反感，但我从未想过为什么。否定孩子的话不仅我会说，爷爷奶奶也会说，但我会制止他们。

孩子是聪明的，在过去乖巧的时候，他可以被人随意批评，而妈妈不会制止。现在，因为他情绪敏感，容易爆发，妈妈终于开始保护他了。这是孩子的一次胜利。

在弟弟、妈妈和自己的三角关系中，自己输给了弟弟。但在爷爷奶奶、妈妈和自己的三角关系中，他通过情绪化赢得了爷爷奶奶。这个过程，完全是无意识的，并不是孩子故意的。

发脾气，真是个强大的武器。

4

这位妈妈还补充说:"我老公也经常责备我说'大宝这样子,脾气这么大,你也不好好管管',我觉得很委屈,难道我不想管吗?我不知道该怎么管,我根本管不了啊。爸爸对我发脾气有什么用呢?"

有趣的是,这个家庭中的爸爸对妈妈发脾气了。爸爸的情绪需要妈妈妥协,妥协的标志就是"委屈"。一个不愿意委屈自己的妈妈,在接收到爸爸的负面情绪后,第一反应是愤怒和反驳:"你凭什么说我!你怎么不管孩子!"因为这位妈妈不如爸爸那样情绪激动,所以爸爸一直都掌控着妈妈的情绪。

每个家庭都有自己的语言。

在这个家中,不是妈妈说了算,也不是孩子说了算,甚至不是爸爸说了算。这个家庭中有一个很明显却又看不见的主人:情绪。

谁有情绪,谁说了算。

谁有情绪,谁有话语权。

谁有情绪,谁被照顾。

谁的情绪大,谁得到的照顾就多。

对于这位妈妈来说,她潜意识中只想照顾"有情绪的人"。无论谁表现出爆发性的负面情绪,她都会去照顾。大宝、二宝还有她的丈夫，他们都可以用情绪来驱使她。

5

对于这位妈妈来说，她的生活一直都在灭火。换句话说，她的生活总是在解决问题，她有无尽的问题需要解决。她对问题进行优先级排序，先解决紧急的问题，而谁的情绪大，就代表了谁的问题紧急。她非常疲惫，但她没有时间休息。

她不知道该怎么办。我也无法给予建议。因为她未意识到：她缺少的不是解决问题的方法，而是精力。一个精力不足的人，无论拥有多少方法都无法发挥作用。

她的精力去哪里了呢？一个不照顾自己的人，怎么可能有精力。事情如此重要，别人的情绪如此重要，那么自己的位置又在哪里呢？

最后，我对她说了一句话："你如此忙碌，甚至没有时间照顾自己。每个人的情绪都很重要，而作为最乖巧、最没有情绪的你，却是最不重要的那个。"

当母亲的建议和抱怨,让你很烦

1

有同学说不喜欢妈妈的唠叨,无法忍受妈妈的控制欲。一方面,他们在反抗妈妈,对她的唠叨表现出不耐烦和对控制欲的愤怒,通过拒绝沟通进行抗争;另一方面,他们自责,意识到妈妈年纪大了不容易,而自己用残忍的方式对待她。

不仅是子女会自责,其实有些妈妈也会自责。一方面,她们忍不住要插手子女的生活;另一方面,她们也意识到自己已经老了,啰里啰唆的确惹人烦。

因此,母亲和子女都会掉进"攻击—自责—攻击—自责"的循环当中。

那么,妈妈为什么要唠叨,为什么要插手子女的生活呢?

因为她看到你长大了,你有自己的想法了,有自己的世界了,你不再像小时候那样需要她了。她内心深处有了被抛弃的失落感。

她曾经在你的内心中占据着至关重要的位置。她在你生命中的重要性给予了她强烈的亲密感和价值感。这些正面的感受让她乐于为你付出很多。

然而,随着时间的推移,一切都在悄然发生变化。你的羽翼丰满了,世界变大了,更多的人和事涌入你的世界,她在你的世界中所占的比例越来越小。这让她难以接受,就像自己的领地被一点点侵蚀。谁愿意束手就擒?谁愿意放手呢?她仍然希望在你的世界中占有一席之地,所以她给你建议,主动向你提供帮助。如果你不表达自己的困难,她只能假设你有困难。

然而,你没有以前那么需要了。

毕竟你经历了沧海,不再觉得她提供的池塘有水;你经历了巫山,不再觉得她的小土丘是山。

2

妈妈的建议有用吗?

有用。

不是说她的建议在现实上对你有用,而是在她建议后,你愿意反驳她、跟她聊天了。所以她的建议对她是有用的。

她给予你其他东西,你没有回应,你不会主动与她交谈，不会告诉她你的困难，不会与她分享你的小秘密。但是在她给出建议后，你开始显得不耐烦，开始愤怒，要求她不要唠唠叨叨。你开始从自己的小世界中抽出身来，回应她了。

尽管你不耐烦地与她说话，但你们之间毕竟恢复了沟通。不耐烦、愤怒、抱怨是家庭氛围的一部分，相较于两人各自玩手机互不干扰，争吵是一种高能量的互动，像水加热至沸腾一样，累并且兴奋。这让人忘记孤独，忘记无聊，忘记时间，我的眼中只有你，你的眼中只有我。

这是人间烟火，也是妈妈的智慧。妈妈仍然有能力为自己的内心争取一片土地，坚持以自己的方式与你建立联系。

你想阻止妈妈。当你对妈妈说："我不需要你的建议，不要再给我提建议了。你能不能不要唠唠叨叨……"实际上，你只是想保护自己，想守住自己的边界，给自己一些喘息的空间。妈妈的爱让你感到整个身心都被侵占。

然而，妈妈听到的是：你不需要她了。

虽然你只是说不需要她的建议，并没表达出你需要她什么，也没有告诉她你需要她说什么。在她的世界里，她一直在用自己的社会经验与你建立联系，这是她获得价值感的来源。现在，你却说不需要了。

这对她来说是一个巨大的打击，她不愿意接受这个事实。没人愿意被抛弃，尤其是被自己付出了很多的人。因此，她会反抗，她不会置之不理。

3

那我们应该怎么办呢?

妈妈并不是一无是处,虽然她的很多认知可能都不如处在新时代的你,但对你来说,现在的她并不是毫无价值的。因此,你需要告诉她,你需要她的什么。

第一,你不要说"我需要尊重"或"我需要空间"。这些词的意思是"拜托你不要给我添乱"。

第二,你可以表达你真正的需要。告诉她你想要她做些什么好吃的、需要她帮助你做什么事情。很多人认为对父母好的方式是让他们享受生活,但实际上,让父母感到有价值、有参与感和成就感,让他们感到自己被需要才是更好的方式。

第三,如果你没有具体的需求,那就表达一下你已经得到的。妈妈现在还在为你做什么?她是在给你准备一日三餐,还是在经济方面帮助你?她是在帮你照顾你的孩子,还是给了你一个温暖的家?让她知道你仍然需要她。

一旦她有参与感,就不再需要通过口头上的建议来干预你的生活了。

第四,你还可以关心她。妈妈只是想与你建立联系。在她眼里,以前她是一个有经验、有能力的强者,而你是一个没经验、弱小的人,所以她会用自己的建议来帮助你。但是，现在你已经长大了，你已经成为一个比她懂得更多事情、更有生存能力的人了，你可以帮助她、关心她了。

你的社会功能已经长大了，你的心智水平也可以长大些了。

长大并不意味着对妈妈怒吼"别管我"，那只是青春期的叛逆。真正长大的证据是，你学会了关心他人。你可以问问妈妈：

你和爸爸最近的矛盾是怎么解决的？你在工作中遇到了哪些困难？有没有我可以帮你的？

或者，你用她的方式关心她：

妈妈，你不要总是宅在家里，这样对身体不好。为了你的身体健康，你应该……

温柔一点的方式就是：

以前，你总是关心我、照顾我；现在，我长大了，轮到我关心你了。以前，你总是在为我的生活操心，希望我过得好；现在，我想参与你的生活，希望你过得好。

4

抱怨，只是希望与对方建立关系、寻求亲近、有人陪伴的一种方式。

对一个自尊心强的人来说，这些需求可能无法直接表达，甚至自己都没有意识到。因此，抱怨成了一种方式，通过抱怨来实现回应和陪伴。

如果希望跟对方和平相处，就需要找到新的连接方式来代替抱怨，而非制止对方的抱怨。如果你找不到替代的方式，那你可以选择与对方保持距离。

制止对方的抱怨并不会让对方停止抱怨，只会让你们在无效的拉扯中疲惫不堪。

为什么有的人爱讲大道理

1

沟通是一件重要的事情。在与孩子、伴侣、父母、同事、领导等人的沟通过程中,如果你能够实现与对方沟通上的和谐,你们的关系就会被迅速拉近。虽然"好好说话"看起来很困难,但实际上,其中有很多小技巧可供运用。然而,所有这些技巧都建立在两个最基本的层面之上。无论你与谁进行沟通,都存在着两个层面:

一个层面是"情",另一个层面是"理"。

如果对方想要与你谈情,而你却在与他讲理,那他就会感到烦恼。同样,如果对方在与你讲理,而你却在与他谈情,他也会感到烦恼。沟通不舒服往往是因为频道不对。

即使你们在讨论合同这样理性的事情,你们的沟通也会受到彼此的情感和感受的影响。如果对方让你感到舒服,你会下意识地想在利益上迁就他。

即使你们在谈论恋爱这样感性的事情,当你们在讨论某件琐事时,如果冲击到了你的价值观,你也会下意识地想纠正对方的做法。

情和理在沟通中同时存在。有时人们更倾向于谈情,有时人们更倾向于讲理。

因此,在与他人的沟通过程中,你要先判断对方是想与你谈情还是讲理,然后再选择相应的方式应对。一旦你们的频道一致,你们的沟通就会流畅起来。

同样地,如果你想让对方难受,当对方想与你讲理时,你可以与他谈情;当对方想与你谈情时,你可以与他讲理。这样,你就能够让对方的沟通能量堵塞,让他特别难受。举个例子,如果对方想向你请教一件事情该如何做,而你只与他谈情,那么你就能达到让他难受的效果了。

2

要判断你或对方到底是在谈情还是在讲理,首先你要有识别的能力。

怎么算是讲道理?

谈论观点、提出建议、进行分析,都属于讲道理。只要你在谈论某件事情,你就是在讲道理。

有些人经常感到委屈,觉得自己说的都是对的,为什么对方总是不愿意听呢?

是的,你是对的。即使你的道理是正确的、有价值的,但它仍然只是道理。当对方不希望进入"理性"这一层面时,即使你的道理再正确,对方也会感到厌烦。

怎么算是讲情感呢?

认同、理解、关注、表达情感、共情,都属于讲情感。只要你在谈论这个人,你就是在讲情感。

比如,在沟通中使用以下表达:"是的""没错""不容易""很难""很委屈""很辛苦""很绝望""很厉害""很开心",这些都是在讲情感。你是在表达这个人的状态,而不仅仅是沟通事情本身。与其关注如何处理这件事情,你更关心他的处境和情绪。

你关注的是事情本身还是人的感受,决定了你的沟通是在讲道理还是谈情感。

"理性"和"情感"可以在沟通中同时存在,它们并不冲突。但在沟通中会有一个侧重点,即彼此更关注什么。你需要观察彼此当前更关注的方面,然后调整自己来配合对方,或邀请对方来配合你,这样你们的关系就会更加和谐。

3

讲道理是一条明亮的线,讲情感是一条隐秘的线。喜欢讲道理的人通常只看到明亮的讲理线,却看不到隐秘的讲情感线。

我记得多年前一次相亲，我为了展示自己的能力，一直在与女孩的聊天过程中分析各种问题。最后，女孩说："你怎么和我妈妈一模一样，这么喜欢讲道理啊？"

后来回想起那次聊天的情景，我反省后发现，自己在那一刻正确的打开方式不应该是展示自己有多厉害，而是帮助她发现她有多厉害。

然后，我又思考了一下：为什么我在那一刻无意识地忽略了情感线，只看到了道理线？因为我对自己就是那样的。一个人喜欢讲大道理，是因为他对情绪和情感不够敏感，对自己的处理方式就是每天对自己讲道理，告诉自己应该怎么做，所以他对别人也是如此。

你也可以思考一下：

当你遇到困境时，你更渴望解决问题还是被人理解？你更需要被安慰还是被帮助？你会先安抚自己还是先说服自己？

4

爱讲大道理的人拥有解决问题的能力，这是非常宝贵的资源。然而，他们也需要发展另一方面的能力，即渴望被理解、被关心，这需要通过学习和思考来解决。

沟通中的这两条线都非常重要。擅长其中一条线的人能够与情境相匹配的人进行有效沟通。然而，如果你愿意学习发展另一条线，你将更擅长与人沟通，为彼此带来愉悦的体验。

社交恐惧与勇气：楼上小孩带来的启示

1

我家楼上有个小孩，早上经常很吵。几乎每天早上，我都会被吵醒，这让我这个晚睡晚起的人感到特别心烦。

于是，我脑海中涌现了很多应对方案：我想努力赚钱，买一栋别墅，这样就没人打扰我了；我很后悔为什么没有选择顶层住宅，这样也就没有人会吵到我了；我甚至想买一个震楼器，在夜晚震动天花板，以报复楼上的人。

然而，这些都不现实，也不是最好的方法。我明白，我必须要去与他进行沟通。"社会我"告诉我，这才是最好的方法。

但是，一想到要去敲陌生人的门，进行协商和沟通，我就感到非常紧张，极其抗拒。我希望对方能自觉一点，希望他们能顾及我的感受。然而，"社会我"告诉我，这并不现实。一想到要去做我根本不想做的事情，我就感到困难重重。我开始觉得人生从头到尾都很艰难，觉得自己很差劲，很无力，并且泛化到：人生从头到尾都好难，自己好差劲。

2

在人的感受中，有一个"感受我"。这个"我"会根据本能和习惯来进行反应。除此之外，人还有一个"社会我"，它告诉你应该怎样做才能符合社会规范，从而更好地在社会中生存。此外，人还有一个"理性我"，它知道如何协调这两者，让自己在正确的轨道上舒适地生活。

因为学习过心理学，所以此时"理性我"开始起作用了。我一定要强迫自己去吗？如果我不去沟通，我只能忍受或者逃避吗？

不是的。我还可以寻找一些资源支持我。我思考了一下我拥有的资源，包括：可以找保安和物业进行协商解决，尽管这也很难，因为涉及与陌生人打交道。那么，我还有哪些资源可以支持我呢？

我有一些开朗、处事比较得当的朋友，我可以邀请他们来我家，并拜托他们代表我与楼上的人协商。虽然与陌生人协商对我来说很困难，但对他们来说只是小事一桩。每个人都有擅长的领域，我知道他们也会愿意帮助我。

一想到还有朋友们的支持，我心里就踏实多了。

"理性我"继续发挥作用：此刻，我想选择自己去面对自己的恐惧。这与我不得不去做已经不同了,我有了选择的自由,我选择了自己去面对,不再有被迫的无奈。

3

"理性我"在问我:害怕什么。

"感受我"在说:害怕冲突。在我的想象中,如果我去打扰别人让他们安静一点,他们会拒绝,不愿妥协,会有很多轻蔑的态度,甚至会任性地对我说:"我才不会,偏不,不喜欢你可以搬走。"那种感觉就是:我不值得一个陌生人、一个我从未付出过的人为我妥协。

当我意识到自己在面对紧张中幻想的内容时,我不知道这些经验是从哪里来的,但"理性我"告诉我:以上这些可能并不是真实情况。我需要进行现实检验,看看我的猜想是否符合事实。结果只有两种可能:

如果没有冲突,对方态度友好,可以进行协商和妥协。那么,我就有了一次矫正的经验,我会意识到与陌生人打交道其实并不可怕。

如果被拒绝,我可以借此机会反思:为什么我面对冲突、拒绝、轻蔑时如此脆弱,为什么我会如此恐惧。在体验情绪的同时,我可以更好地思考,从而学会如何更好地应对被拒绝。

无论结果如何,这样的冒险都是有意义的。要么,我得到了陌生人的体谅；要么，我学会了如何照顾自己。

面对恐慌，这次我没有退缩。同时，我看到了自己的另一个资源——勇气。那一刻，我感受到了自己可以应对问题的力量。我对自己说："加油！"

4

我敲门了，咚咚咚。

敲门时，我的心跳到了嗓子眼。我既激动又紧张，充满期待又害怕。那一刻，我又感受到了人生的意义：探索、体验、感受一些不同的事物。

门开了。一个年轻男子带着一个小孩，他面带微笑询问我有什么事。我说："我是楼下的邻居，早上小孩的蹦跳声会吵到我睡觉，我希望早上可以安静一点，你们可以在客厅活动，尽量不要在卧室活动……"

对方表示抱歉，解释说小孩今天没去幼儿园，所以起得比较晚。我告诉他我九点多才起床……对方继续道歉，并表示会注意。我也向他表示感谢，深感被理解。

回到自己家，我回味着那个充满温暖和歉意的笑容，回想起这个世界充满善意的一面。我明白虽然并不是所有人都有善意，但我愿意去尝试，去验证谁是怀有善意的，谁不是。我不会因为一两个心怀恶意的人，而将恶意投射给整个世界。

三　好好说话，好好倾听

我开始有一点点相信：其实别人是愿意为你做出妥协的，愿意照顾你的感受的。

一个陌生人，也可以让你觉得自己很重要。

5

所谓的社交恐惧实际上是对他人存在着许多冷漠、苛刻、敌意、挑剔的幻想。去验证这些幻想，慢慢地你会了解真实的别人是怎样的，他们的温暖和冷漠、爱和攻击的尺度在哪里，而不是一直停留在自己的幻想中。

我没那么好，也没那么糟

被挑剔时该怎么办

1

被挑剔时该怎么办呢？视情况而定。如果对方是你不值得惹或不想惹的人，就尽量回避或哄着对方。毕竟避免与对方继续争执是保护自己的一种方式。但如果对方是你可以对抗的人，被挑剔时最好的办法就是予以回击。他可以挑剔你，你也可以挑剔他。

挑剔的本质是界限侵犯。你可以将其视为两个个体之间的一场战争：有人试图侵犯你的个人领域，那么你该怎么办呢？是妥协、放弃领土还是严防死守呢？

一种方法是反击。对于入侵者来说，你需要用实力告诉他们你不好欺负，欺负你会让他们受伤。他们制裁你，你也可以更严厉地制裁他们。如果对方喜欢挑剔，你可以比他们更加挑剔，这样他们就不会再挑剔你了。

别人挑剔你是别人的事情，你无法控制。但你是否允许自己被挑剔就是你的事情了。在被挑剔时，如果你不拒绝、不逃离、不反击，那么你就是在允许自己被挑剔。

拒绝没用？那就加大火力，试试以反挑剔的方式拒绝。

总有人说"远离那些让你不舒服的人"，其实你也可以制止那些让你不舒服的人的行为。然而现实是，我发现很多人在被挑剔时只能默默忍受，一次又一次地忍耐。即使反抗也非常克制，这种克制意味着：我依旧不敢放开去挑剔你。

他们既不会离开这些让他们不舒服的关系，又不会采取措施制止对方的行为。

那么，为什么有些人允许自己继续处于被挑剔的关系中呢？

2

允许自己被挑剔，是因为能在被挑剔中获益。

与挑剔者在一起，你经常会感到委屈。委屈意味着：我是受害者，我很可怜，我是正确的一方却被惩罚。重点是：我是正确的一方。如果被挑剔者也认为自己是错误的，那他会感到羞愧而不是委屈。

我没有错，所有的错都是你的。你在欺负我，你就是坏人。如果你不就此道歉，那你就更是坏人了。

委屈意味着：我是好人、你是坏人，我是对的、你是错的。

因此，当一个人感到委屈时，同时也会体验到道德上的优越感。他越委屈，就越觉得自己是个好人。

当坏属于对方的时候，委屈者就不用去面对自己身上的坏了，就不用去感知到"我也是个挑剔的人"这部分了。是的，其实委屈者自己也是个挑剔者。他只是不愿意看到这样的自己。

你要知道，每个人都有挑剔的一面，对别人的某些行为感到不满是人类非常正常的情感。挑剔和宽容，就像是白天和黑夜、晴天和雨天一样，是很正常的存在。

一个人对挑剔不耐受，说明他本身也有敏感的一面。敏感的人对别人的不满和意见也会更多。

不是所有人都能承认自己挑剔。有些人一旦意识到自己挑剔时，会认为自己是坏人、残忍的人。为了回避这些，他就必须把这部分转嫁到别人身上，这样坏的一面就成了别人的了，而不是自己的了。

留在一个挑剔者身边，是一个很好的出路。

所以，有些人允许自己被挑剔，是因为他们通过挑剔者的"坏人"形象，达成了自己是"好人"的感觉。

3

你要学会正视自己身上的挑剔。挑剔并不是找碴，它只是把你真实的不满表达出来，而不是压抑住。所以，挑剔别人其实很简单：你只需要大声、坚定地说出内心本来就有的不满就行了。

你说得越大声，越坚定，你就会拥有越大的能量击败对方。

然而，对于一些人来说，这很难做到。为了安慰自己，委屈者会采取各种方式回避自己身上挑剔的一面。

如果要我给这样的人建议，我会说："当你对他感到不满时，你也可以挑剔他呀！"他们可能会对我说："这也太残忍了吧！"

残忍？伤害一个在伤害你的人是残忍吗？对敌人的仁慈实际上是对自己的残忍啊。你可以将反击视为正当防卫，这是在保护自己，而不是残忍。

委屈者之所以不愿意以强烈的挑剔方式进行反击，是因为潜意识里还有幻想：我忍受着对你的不满意，不去挑剔你，是希望有一天你也能这么对我，并且我希望在你对我不满时，你也能忍耐一下，不去表达出来。

很遗憾，你对别人的保护并不会换来别人对你的保护。你需要的是自我保护。

还有人觉得："我不能总是挑剔别人吧。"

一旦他们认识到自己身上有挑剔的一面，仿佛自己就成了一个"总是"挑剔别人的人。为了避免自己"总是在挑剔"，他们就成了"总是不挑剔"的人。

其实，一个健康的人格就是：有时候挑剔，有时候宽容，在心态良好、精力充沛的时候宽容，在状态不佳、精力不足的时候挑剔。

4

做真实的自己，就是承认真实的自己有挑剔的一面。挑剔很好，它可以捍卫你的个人界限，维护你的利益，照顾你的感受。

每个人都有挑剔身边人的冲动。只是有些人选择忍耐，有些人假装没有。

被挑剔是不可避免的社会现象。但你是否允许自己被挑剔，以及如何处理被挑剔的情况，是你可以自己控制的。你**可以为自己的现状负责，而不是依赖别人来负责。**

陪伴的艺术：理解情绪，创造连接

1

陪伴是非常重要的，我们都需要被陪伴，也想要陪伴他人。与孩子、伴侣、朋友、客户在一起时，我们希望能够给予陪伴。当我们感到孤独、挫败、委屈和寂寞时，我们需要被陪伴。

然而，很多时候我们所得到的和所给予的陪伴并不如人所愿。我们觉得这种陪伴并不让人感到舒服，却又说不出个所以然。

这是因为我们并不了解陪伴的真正含义。

首先，与某个人在一起并不一定就是真正的陪伴。有些人像舍友一样，只是存在于另一个人的身边，却没有真正参与对方的生活。这只是共处一个屋檐下，无法称为陪伴。你们在一起，各自埋头玩手机，没有交流，没有默契，就像你们在地铁上遇到的成千上万的人一样，只是擦肩而过，只不过时间稍长一些。有些父母以陪伴孩子之名在家中，却忙着做家务、处理各种事务，这同样不是真正的陪伴。

陪伴的前提是参与，没有参与就没有真正的陪伴。而参与的方式至少有三种形式。

2

最低级的陪伴：帮你解决问题。

当你的伴侣或孩子感到不开心时，你会怎么做呢？许多人的反应是想办法帮助他们解决问题，给出建议、告诉他们应该怎么做，或者直接帮助他们解决问题等。确实非常热心。

比如，一个妈妈说："我女儿在读初中，经常不能按时完成作业，总是熬到很晚才开始做，然后第二天就感到烦躁。我建议她可以与老师沟通减少作业量，但她不愿意。我不知道她到底想要怎样。"

这位妈妈相对来说是比较开明的，她的解决方式不是劝告孩子早点写作业，而是想要与老师沟通减少作业量。然而，这仍然停留在解决问题的层面上。女儿无法应对作业量，感到烦躁，但是这个问题需要妈妈来解决吗？女儿的目标是解决作业问题吗？如果是，她是希望通过减少作业来解决吗？

很多人在听到对方抱怨时，也会急于给出许多建议。然

三 好好说话，好好倾听

而，这种方式并不能让对方感到舒服，相反，它在暗示对方：你别再说了。

同样地，当你向对方倾诉自己的烦恼时，对方急于想要解决你的问题，你也会感到不舒服，因为这是一种侵犯。

当一个人遇到不开心的事情时，你要记住：并不是所有问题都需要解决，也不是所有问题都需要立即解决。人们在解决问题之前，需要经历一段情绪酝酿的过程，然后自己产生解决问题的意愿。

这时，在对方求助时给予帮助，才是最好的陪伴时机。在对方没有求助时给予帮助，往往成为一种控制、侵犯和说教。

3

稍微好一些的陪伴方式是：陪你说说话、陪你玩。

如果对方感到不开心，你的第一反应是与他聊天、陪他放松心情、一起享受美食、逛街、玩电子游戏等。

这种陪伴方式确实在一定程度上能够安慰人心。实际上，这只是一种转移注意力的方式，你强行将对方从一个世界拉到另一个世界，好像只要不谈论眼前的问题，它就不存在了一样。

比如，一个人失恋了，你带他去看电影；一个孩子哭了，你给他喜欢的玩具。我曾见过一个妈妈，每当她的女儿哭泣，她就迅速拿出手机给女儿拍照，并告诉她哭泣不好看。这种方式非常有效，女儿立刻就能停止哭泣。但我看着心酸，这一刻女儿的伤心事没有人知道。

这种陪伴方式的好处是，没有人需要面对糟糕的情绪。坏处是，你在暗示对方：你不能不开心，不开心是不被允许的。

如果有人在陪你说话时，恰好谈论你喜欢的话题，这会让人感到舒服一些。你们自由畅谈，从东到南，从天文到地理，非常愉快。然而，谈话结束后呢？

两人之间并没有建立起更深层次的联系。你们的关系并没有得到多大的提升。时间过去了，你们仍然不会变得更亲密。

4

最好的陪伴是：陪伴一个人的情绪。

当你抱怨时，我陪你抱怨；当你生气时，我陪你生气；当你遇到挫折时，我陪你一起面对挫折；当你感到难过时，我陪你难过；当你感到孤独时，我陪你孤独。

我只是陪伴你，而不是改变你。

当女儿因无法完成作业而感到烦躁时，你只需要说一句："是啊，作业确实太多了，真是烦人。"这就足够了。当一个人与你抱怨自己因为无法赚钱而感到焦虑时，你只需要说一句："是啊，你现在确实感到焦虑。"当一个人说自己不够好时，你只需要说一句："是啊，你觉得自己不够好。"

你不需要安慰他们，不需要说"不会啊""不是啊"，或者"你很好啊，一切都会好起来的"。当然，这种安慰也是有效的，但更有效的是：是啊，你说得没错。

透过你的眼睛，他们可以知道：这一切都是可以的。孤独是可以的，悲伤是可以的，焦虑是可以的，挫败是可以的，哭泣是可以的。除了那些会伤害自己和他人的事情，一切都是可以的。

这三种陪伴方式在传达的信息上有所不同。前两种方式都在暗示："现状和你这样是不好的，要做出改变。"而情绪的陪伴方式在传达的是："这一切都是可以的。"允许和被看见，才是真正好的陪伴。

也许你不相信，当人们被允许表达自己的情绪后，这些情绪就会得到释放。只要你在他们身边，静静地等待他们，他们就会自然而然地找到解决痛苦的勇气和方法，自动地走出困境。

每个人都有足够的资源来解决自己的问题，只是我们缺乏时间和信任。我们急于解决问题，却不知道自己在着急中很难释放力量。一个好的陪伴实际上就是坚定的眼神，告诉你：这是可以的。

5

当你知道什么是好的陪伴后,首先要做的事情是,拒绝。

如果有人热心地给你提建议、想帮你解决问题,甚至替你承担麻烦,但让你感到不适,请及时拒绝。你要明白,虽然对方出于好意,但那并不是真正的陪伴。

如果有人总是想带你玩,不停地与你聊天,生怕你不知道他在关心你,但让你感到不适,请及时拒绝。你要明白,虽然他很想陪伴你,但他并不了解真正的陪伴方式。

找到能够在你的情绪中陪伴你的人是一件幸福的事情。你可以寻找这样的人,也可以邀请对方以这样的方式陪伴你。如果你没有那样幸运,至少要陪伴好自己。不要急于改变自己,不要急于走出某种状态。

许多人都鼓励我们不要陷入情绪中,但我恰恰认为,当有情绪时,应该沉浸其中一段时间。沉浸其中,它会自然地发酵,带给你力量。

因此,当你心情不好时,你不需要急于找乐子,你只需要告诉自己:

我可以。

我可以感到难过,我可以感到忧伤,我可以感到委屈,我可以感到愤怒,我可以感到孤独,我可以感到焦虑,我可以抱怨,我可以指责,我可以讨好,我可以躺平,我可以……

如果没有人懂得陪伴你,你也可以陪伴自己。

聊得来才是被喜欢的答案，优秀不是

1

优秀可能会引起他人的喜欢，这种喜欢可以分为两种：

第一种是，欣赏你。人们会远远地仰视你，欣赏你的优秀，但并不想靠近你，也不会对你更好。比如，当你购买名牌包包、豪车，拥有大房子，掌握多种外语，获得各种资格证书时，周围的人会称赞你，羡慕地看着你。然而，这些人并不会因此对你更友好。这种情况下，优秀只是一种仰望。

如果只被仰望而没有真正的亲近，那人会感到孤独。这种欣赏并不会增加亲密感，只能带来短暂的快乐，就像初次见面时别人发出的赞叹声。这种优秀也不会产生离开或靠近的问题，因为别人从未接近过你，也不想靠近你。

第二种是，我想靠近你。因为你很优秀，所以我想和你接近，成为朋友、恋人，多花时间在一起。因为你的优秀会带来好处。

此时，优秀的本质就是付出。你的优秀使你有更多的付出能力。例如，如果你考上一所好大学，父母会感到荣耀，那你考上好大学就是对父母的付出；如果你变得富有，人们就愿意靠近你，因为你有能力对他人给予物质上的帮助；如果你有一份好工作，靠近你的人会感到更安全，你就有了提供安全感的能力。很多人喜欢靠近我是因为我学习心理学，他们喜欢向我倾诉。

这种优秀能让别人称赞你且不离开你。你的优秀对他们来说是有价值的，他们靠近你是因为能从你身上得到更多。

很多人追求优秀是因为他们害怕孤独，害怕被抛弃……所以，他们想通过优秀来拥有付出的能力，让自己有用、有吸引力，从而吸引他人靠近并持续留在自己身边。

他们会认为：只要我变得优秀，你就会对我好。事实也确实如此。对于多子女家庭来说，优秀的孩子更能减轻父母的负担，更被父母需要，从而会得到更多的关注和重视。

所以，优秀会被爱吗？会的。你如此有价值，肯定会有人愿意因此对你好。

2

通过优秀和付出吸引对方留下，并且让对方觉得你很好，重视你。问题来了，你喜欢他们因为你的优秀而对你好吗？要知道，他们感兴趣的并不是你本身，而是你的优秀。接下来的重要问题就是，你们聊什么？如何相处？

优秀可以吸引他人，但很难创造新话题。你们更多的话题会围绕着你的优秀展开。

如果你因为学习好而得到父母的喜欢，你与父母的话题就会围绕着好好学习有多好展开；如果你因为有钱而得到父母喜欢，你们会聊有钱有多好、谁谁有钱、有钱能带来什么；如果你因为有一份好工作而受人喜欢，那么与你聊天的话题就是好工作怎么样。

你想和他人谈论你身上优秀的特质吗？这样的对话会让你开心吗？

如果你恰好也喜欢，那你们就能很好地交流。你热衷于工作，所以与他人谈论工作时你也会兴高采烈。你有能力帮助他人，喜欢大谈自己的能力、方法和资源，你也会非常开心。这时候你会感到幸福。

因为你的优秀恰好源于你的热爱。你的热爱让你更喜欢谈论它。很多靠近我的人，并不是因为我帅、高、富，而是因为我能理解他们。事实上，我也喜欢与他们谈论内心的困惑。然而，与这些人之间，除了心理问题，很难有其他话题。

如果你的优秀是你不喜欢或无感的，只是为了追求优秀而优秀，那你将会很痛苦。因为你不想谈论这个话题，这种感觉不会让你愉悦。此时得到的喜欢和亲近并不会带给你愉悦，反而你可能会讨厌那些因为这个而喜欢你的人。

人们最初的想法是，如果我通过优秀吸引你，你会喜欢我其他方面。但实际上，这很困难。

3

优秀可以吸引一个人，但不能确保你们相处得好。短暂相处可能依靠优秀，但长期相处依靠感觉。感觉来自共同的话题，开心的交流，共同的兴趣点。这些兴趣点可以是家庭琐事、邻里八卦，也可以是共同的爱好和深厚的情感，只要你们有共同的兴趣，就会有话题可聊。

优秀可以带来一时的快乐，但持续的快乐需要能够畅所欲言。你们不必一定都优秀，但要有话题可聊，愿意分享。当你看到某篇文章、新闻、图片时，会想转发给这个人，这时你会体验到快乐和幸福。这些与优秀无关，而与彼此的匹配有关。

每个人都有聊得来的人，也都有聊不来的人。

有些人很优秀，你也很羡慕他们，但你们无法找到共同的话题。我有一个富有的朋友，追求了一个美女，但很快就分手了。美女被他的财富吸引，他们互相喜欢。然而，他们在一起后，他发现美女只对美甲、化妆、购物和看无聊电视剧感兴趣，而他的角色只是提供资金。这些项目并不需要太多钱，这位朋友也不在意。但他觉得很无聊，虽然在一起却没有交集。

他感到很沮丧，所以找我倾诉。他很优秀，事业有成，财富颇丰，但无法找到属于自己的感情。我给了他一个建议：在工作圈中找到一个可以谈论工作的人，或者在兴趣圈中找到有共同兴趣的人。

聊得来是保证两个人幸福感和长期相处的基本前提。而聊得来与优秀与否无关，只与兴趣相关。

因此，如果你渴望对抗孤独，渴望亲近，我建议你找一个可以聊得来的人。无论聊什么日常、琐事，只要你感到轻松、开心，那你就会在关系中体验到幸福。

你需要通过话题来筛选亲密的对象，而不是优秀程度。

4

同样，付出也是如此。

有些人并不是通过优秀来付出，而是直接付出。他们总是认为：我对你好，你就会对我好。所以，他们会为对方做很多事情，解决很多困难，给予对方很多金钱，为对方购买很多物品……我遇到很多来访者会为他们的伴侣、父母付出很多，他们确实显得很重要，而对方也因此不想离开他们。

这些人是善良的人，是好人。

但是，付出者并不会感到很好，他们与接受付出的人之间始终存在某种距离。这种距离就是：我们之间的联系只是对你好和对我好的交换。我为你做了哪些事情，你为我做了哪些事情，然后呢？事情做完后，我们该聊什么呢？

在我的课程中，一些学生对自己的婚姻感到不满，但又不愿意离婚。因为他们的伴侣真的是个好人，他们为我的这些学生付出了很多。无论是出于责任心，还是习惯了对方的付出，都让我的学生不愿意离开。但这样的婚姻让他们感到绝望和缺乏灵魂。他们的伴侣实在太好了，好到让他们找不到其他吸引自己的方面。

实际上，问题出在是否有共同的话题可聊。对方的付出给了他们温暖和安全感，但这只是非常基础的部分，并不能构建日常的交集，让他们感到婚姻中的空虚和孤独。

一段关系如果只有安全感和温暖，而缺乏交流的话题，就不会带来亲密感。只有聊得来才能建立亲密感。即使是聊彼此的付出，也会在彼此完成后愉快地交流。

5

无论是通过优秀还是付出，这些方式只是建立关系的桥梁而已。然而，如果只有桥梁而缺乏亲密的交流，最终也无法克服内心深处的孤独，无法获得真正的亲密感。

优秀和付出可以吸引别人，让他们对你产生喜欢和依赖。但真正的亲密关系需要更多的元素。这包括彼此的了解、共同的兴趣和聊得来的能力。只有当你们能够建立起相互的交流和共享，才能在关系中体验到真正的亲密感。

因此，无论是通过优秀还是付出来吸引别人的喜欢，都需要进一步努力去开展亲密的交流。这意味着要找到共同的话题，互相了解彼此的兴趣和需求，以及在日常生活中进行开放而真诚的交流。只有这样，你们的关系才能更加稳固和充实，从而建立起真正的亲密感。

所以，不要仅仅依赖于优秀或付出来赢得别人的喜欢，而是努力去发展和加强彼此之间的交流与亲密感。这样才能建立起更加深入和持久的关系，共同面对孤独并体验真正的亲密。

当你对一个人有情绪，如何表达更合适呢

1

当你对一个人有情绪时，如何更合适地表达呢？

第一种方式是不表达情绪。

这时候，如果你只是表达道理，指出对方应该如何行动或指责他们的错误，虽然看起来很正确，但对方可能不愿接受并可能反驳。

第二种方式是直接表达指向他人的情绪。

你直接告诉对方你对他们的行为感到愤怒、委屈、失望等，虽然表达中含有一些情绪词汇，但这些情绪是指向他人的。这种表达方式，对方可能更能理解你的情绪，接受的概率也会大一些。自我强大的人可能会努力安抚你的愤怒，而自我较弱的人可能会因被指责从而产生抵触心理。

第三种方式是表达指向自己的情绪。

指向他人的情绪中同时蕴含了对自己的情绪。比如，愤

怒背后实际上可能有难过、内疚、伤心、恐惧、无助、焦虑、挫败等情绪。如果你表达指向自己的情绪，对方接受的概率会更大一些。因为这时候你在表达自己，对方能意识到你可能受伤了，如果他有精力，他就可以关心你，而不需要先抵消你的攻击。

2

然而，没有任何一种方式能确保对方完全理解和接纳你失控的情绪。

有四个因素共同决定了你的表达被对方接受的程度：

1. 你的情绪强度；
2. 对方能接受的情绪强度；
3. 你们之间的关系亲密度；
4. 你的表达方式。

其中，前三个因素在情绪失控的那一刻很难受到意识支配。但你可以比较快速地改变自己的表达方式。

多表达情绪背后的自己，避免让别人感到被攻击，这样被安抚的可能性就更大一些。

毕竟，一个很浅显的道理就是：如果你想得到一个人的安抚，就不要伤害他。

否则，他需要先自我修复，然后才能有精力来安抚他人。但很可能在你的攻击中，他连自我修复都完成不了。

三 好好说话，好好倾听

用攻击他人的方式表达自己的情绪，本质上是一种自虐行为：我要把你毁灭，这样你就无法爱我了。

然而，表达指向自己的情绪也存在风险：这意味着暴露了自己的脆弱。脆弱的自己，到底是会被善待还是会被攻击呢？

这是一个很困难的问题。

最好的方式就是安抚自己的脆弱。接受并面对自己的脆弱，常常让它见光、吹风，让自己熟悉它。当你展现给别人时，也会更加坦然。

讲道理并不能改变一个人

1

如果一个人惹你生气,有一个基本的原因,即对方没有按照你说的、想的、要求的去做。你之所以生气,是因为他没有达到你的期望。

生气的人通常都有一些"自恋",简单来说就是,他们认为对方应该按照他们期望的方式去改变。

为了实现自己的目的,有些人在生气时会开启讲道理的模式,试图用口才和逻辑来改变对方的意愿和行为。比如:

他这样做是不负责任的。

他这样做是会伤害我的。

他这样做是不道德的。

他这样做是不对的。

他这样做将来会失败的。

……

生气时讲道理的人幻想着,只要证明自己是对的,对方就会妥协改变。

然而,这很困难,困难主要有两个方面:

1. 你讲的这些道理,很难让对方认同。
2. 即使对方意识到自己错了,也很难因此而改变。

2

为什么讲道理很难改变一个人呢?

因为道理只是一个幌子。你真正想要的并不是谁对谁错,而是谁让谁感到舒服。如果对方按照你的意愿改变,结果就是:他让你感到更舒服了,或者他让自己感到更不舒服了。

举个例子,有位同学说:"我丈夫在家里吸烟,我很生气,希望他不要在家里抽烟。吸烟对他自己的身体不好,也会让孩子吸二手烟,对孩子的身体也不好。"这样说有理有据,但从感受的角度来看:

丈夫不在家里抽烟,我就不焦虑了,也会感觉到被丈夫重视和在乎。

丈夫不在家里抽烟,他自己会感到不自由、不自在,会觉得被要求、被控制。

别人不改变,并不是因为他们不知道自己对还是错,而是因为改变虽然让你感到舒服,但会让他们感到不舒服。对于自己不舒服的事情,即使是错误的,也不一定愿意改变。因此,在对错的维度上与对方争辩没有任何意义。

3

一个可以改变对方的动力是真诚:我希望你做某事,是因为我希望你爱我,而不是因为你是错的。

在短期关系中,你可以用指责的方式让对方害怕,从而迫使其妥协,你可以用讲道理的方式让对方无法反驳而妥协,但这只是我赢你输的方式。在长期关系中,只有一条出路:共赢。我让你感到舒服,你让我感到舒服,我们彼此都舒服;我满足你,你满足我,我们彼此都满足。

讲道理让人不舒服。讲道理只会让人觉得被侵犯并更加抵抗。采用讲道理的方式很难让一个人因为认识到自己的错误而妥协。让对方感到舒服,对方也会让你感到舒服。

因此,如果你想建立长期关系,你需要同时做一些让对方感到舒服的事情。

有些人觉得很委屈,问:"为什么我要讨好他呢?"如果你不讨好他,那他为什么要讨好你呢?不要以为"明明是他做错了!我去讨好他,这根本不公平"。你说他错了,他就真的错了吗?他错了,他就应该讨好你吗?

也有人觉得,自己已经让对方感到舒服了。不要说"已经",那是过去时,你现在正带着愤怒的情绪讲道理让对方感到不舒服，他此刻并不是心甘情愿地忍受你的攻击。

还有人觉得，即使我让对方感到舒服，对方也不一定会让我感到舒服。当然，盲目付出只会带来一些表面上的舒服，并不一定能弥补你妥协所付出的代价。

4

真正让人感到舒服的，不是你实际为对方做了什么，而是你是否看到了对方的内心。当一个人内心深处的委屈、恐惧、脆弱被看到后，他就会产生巨大的改变动力。这是一种深入共情，你能够走进对方的内心深处，他自然愿意做出巨大的改变。

每个人都渴望被看到。不要拒绝带有情绪的道理，真正去理解：他怎么了？这就是共情的起点。共情其实是改善关系的最好方法。

共情是会消耗自己的。因此，有一个问题你必须想明白：

你是否还想维持这段关系？

如果你不想维持这段关系，那就不要再纠结，尽快离开。如果你还不想离开，你可以采用指责、讲道理、冷漠的方式先让他备受折磨，然后发泄完愤怒情绪再离开。

如果你犹豫不决，这说明你仍然需要这段关系。尽管你口头上说"我受够了这段关系，我要离开"，但那可能只是嘴上说说而已。

如果你仍然留恋这段关系，你可以尝试维护它。你要相信：使用共情，在关系中带来的回报远大于你的付出。成年人的世界不仅仅是通过分辨对错来解决问题，还可以通过权衡利弊来解决：我想要什么？我可以付出什么？我愿意吗？

如何共情？共情需要你要看到对方的脆弱。他不会说出来，你必须用心去观察。能够自己说出脆弱的人要么内心强大，要么只是在卖惨。真正的共情是替对方说出他无法表达的脆弱。

最简单也最难的一步是：闭上嘴，让别人的声音进入你的内心。

三 好好说话，好好倾听

妈妈的愤怒：你要为我的余生负责

1

一位妈妈说："儿子上课笔记记不全，我让他课后补，他不愿意并且说不用记。我很生气、烦躁、无力。"

这位妈妈觉得：

这么重要的事情，这么简单的事你怎么就不做呢？你怎么能那么懒，懒到这种程度还想要好成绩，还想让大家都夸奖你，还想让我满足你那么多的要求，你想得太美了。

这个愤怒的表层含义是：孩子，我非常担心你，我在为你好，我对你负责。

在这个层面上，这是一位尽心尽责的妈妈，只是表达上不够坦诚。在这个层面上，妈妈背后的需求是：我希望你看到我对你的爱。

更好的替代方法就是，一致性表达：

用"我很担心"取代"我感到生气"；用"我关心你"

取代对孩子说"你不够好"。

2

经过与这位妈妈一起探索,她深层次的想法是:

人怎么可以不劳而获呢?人必须努力付出才能获得回报。你怎么就不能明白这个道理呢?我真的没有耐心好好与你交谈了,我真的等不及看到你的进步了,我试过哄你、交换条件、讲道理、利益分析,都没有用。这说明什么?这只能说明:你觉得这件事不重要,没有认真对待,没有好好学习。我感到很累。你这么不认真,我真的无法推动你的学习,我感到很沮丧,很无助。

在这个层面上,妈妈希望孩子能看到她的疲惫,能对她的疲惫负责:

孩子,我太累了,太无能了,求求你成为一个理性、成熟、遵守社会规则的人好吗?这样我就不用费尽心思想办法对待你的学习了。我就可以不那么累了。

你应该对我的疲惫负责。

3

仔细感受下,这位妈妈的疲惫、沮丧和无助更深层次地表达了什么呢?

如果你上课不记好笔记，我就无法安心，我就必须花费心思和精力引导你，我感到很疲惫，我不想引导你。但是如果我不引导你，我又觉得自己不负责任，觉得自己不是一位合格的妈妈。而且，如果我花费心思和精力引导你，这会占用我做其他事情的时间。

而且你总是这样占用我大量的时间，我就无法专心工作，就无法赚取足够的钱。如果无法赚取足够的钱，我们全家的生活水平就会下降。我想要维持或提高生活水平，不想受到影响。

也就是说：孩子啊，你应该为我无法做其他事情负责，你应该为我是否是一位负责任的妈妈负责，你应该为全家的生活水平负责。

4

这位妈妈对孩子的愤怒实际上在说：

你应该负责，你应该对自己的状态负责，你应该对我的状态负责，你应该对自己的未来负责，你更应该对我的未来负责。你应该对自己成为什么样的人负责，更应该对我成为什么样的人负责。

你现在的行为会有多大影响，你知道吗？你肯定不知道，因为我也没有仔细考虑过。但是我的感觉明确告诉我：你现在的行为与我的期望有偏差，后果非常严重！至于影响有多大、后果有多严重,看看我的表情就知道了。看到了吗?!

5

其实,可以听一下你对孩子的愤怒、委屈、无助等情绪,在情绪的最深处,你在担心什么呢?你认为孩子的这些行为会带来哪些糟糕的影响呢?

你愤怒的背后只是太恐惧了。

当你开始清楚地表达那些担忧时,你才会意识到自己在一瞬间经历了怎样的恐惧。

那些恐惧,不需要让孩子承担。

那些恐惧,很可能不真实。

那些恐惧,只是你曾被恐吓过一次又一次的循环。

我们都值得过一种平静和愉快的生活。请允许孩子犯错,请允许自己犯错,小错误并不可怕,慢慢来吧。

三 好好说话,好好倾听

当你情绪失控,对他人造成了语言暴力

1

有些人会因自己情绪失控而自责。

例如,父母在孩子犯错时,突然大声责备孩子;对伴侣感到不满时,瞬间提高音量;对客户、商家或朋友,控制不住自己的脾气,愤怒如同火山一般爆发。

有些人在情绪发泄后会瞬间冷静,对自己失控的行为感到惊讶,也不明白为什么会如此。虽然出于面子,他们不能道歉,但内心会自责,觉得自己失控了。

然后暗自下定决心下次努力控制自己,但当情绪再度高涨时,真的无法控制。于是,又自责,又下定决心……进入循环。

当然,对方肯定会被吓到的。如果对方回击,这时候发脾气的人会得到一些补偿,要积极地应对接下来的冲突,来不及自责。最糟糕的情况是:对方被吓住了。发脾气的人会

感到自己刚才像失手杀死了一个人一样，恐慌至极。

有一次，我在街边买小吃，我告诉老板不要加辣。结果老板还是给我加辣了，那一刻我莫名地感到委屈，冲着老板大声喊道："我说了我不要辣！不要辣！为什么还要给我加辣！"

老板惊恐地看着我说："我重新做给你就好了，你为什么要吼呢？"

那一刻，我也不知道如何回应他。

当我意识到这一点时，我真的想抱抱自己，真的想感谢那个会发脾气的自己。那一刻，其实我并不是愤怒，而是委屈。我心中有太多的委屈。

2

我的嗓子不太好，稍有风吹草动就容易喉咙发炎，讲话多容易疲倦。我曾经为命运给我一个脆弱的嗓子而感到悲叹。然而，随着我个人成长，我知道那不是命运赐予我的，而是我自己吼出来的。当我吃到带辣的街边小吃时，那并不是我第一次吼。年轻时，我上课容易激动，声音特别大。

我记得在我刚读高中的时候，舍友对我说："你好好说话，别喊，我们都能听到。"那时候，我第一次意识到，我是在用大声喊叫的方式表达自己。

别人可以正常说话，但在我潜意识中，我认为只有通过大声喊叫，别人才能听到。这是一种非常不科学的用嗓方式。

然而在我成长的环境中，只有这样才能让我被人们听见。我的父母是典型的"双聋者"，这并不是说他们耳朵有问题，而是他们喜欢沉浸在自己的世界中，对我进行一些强度不大但频率很高的干预：一会儿提醒我应该这样，一会儿担心我那样。

我被这些没有边界的干预所困扰。只有通过提高音量，我才能被人们注意到，才能被看见。他们只有看到我生气，真正生气的那种，才会停止干涉，默默离开。如果我以正常的方式与他们沟通，很可能会被忽视。他们就像一台录音机，重复着相同的话语。

或许朴实的中国人就喜欢这种拉扯：拒绝了我？没关系，我再重复一遍！不想要礼物？拿着吧！不想吃了？再多吃点！不想去？快点去吧！不想起床？赶紧起来吧！

沉默是无法拒绝的，说"不"是无法拒绝的，只有爆发怒火才能拒绝。因此，我用耗费嗓子的方式自我拯救，获得一丝被人们注意的可能性。

那时候，我的情绪并不是愤怒，而是委屈：我需要被看到，我需要被理解，我需要被尊重，我需要……我处于崩溃的边缘，求你别再给我添麻烦了。

3

你可能会用不满和愤怒的大声喊叫来表达自己的观点。实际上,你在说:看我,看我,看我。

你不相信自己以正常的方式表达需求,别人能听到。事实上,他们确实没有听到你正常表达的需求。这让你感到被忽视,而且这种被忽视会给你的精神造成极大的困扰。

因此,你需要意识到,你所展现的愤怒表面上其实是内心的委屈。这是因为你感到被忽视的委屈,感到被没有边界感的人侵扰的委屈。不被听见和看见,就像被这个世界遗忘一样,这种感觉非常可怕。

提高说话的音量只是你自救的方式而已。你可以同情并关爱这样的自己。

可惜的是,当你提高音量,激动、愤怒、急切地表达自己的想法时,对方会被你的情绪淹没,他们开始关注你的态度,忽视你说话的内容。你又一次被忽视了。

这增加了你的绝望感。这个过程一遍又一遍地"重复":人们总是无意识地采用错误的自救方式,使自己再次陷入熟悉的绝境。

三 好好说话，好好倾听

4

那么，该怎么办呢？

你需要回顾一下自己小时候是如何被忽视的。你的需要为何没有被看见，你的声音为何没有被听见。你曾经是如何学会竭尽最后一丝力气来自救的。这种自救方式在你长大后为什么不再奏效。

与小时候的你自己和解，放下小时候学到的用吼叫来获得被关注的方式。然后，重新学习新的被关注的方式。

新的方式是：

以温柔而坚定的方式表达自己。你的坚定不是因为你的声音大，而是因为你值得被关注。

处理关系中的矛盾的第三种方案

1

一个16岁的高中女孩突然告诉妈妈,自己和男朋友分手,并且怀孕了。这令妈妈既震惊又愤怒。她不仅不知道女儿有男朋友,更没有想到她竟然怀孕了。

在妈妈看来,将孩子打掉并专心完成学业是最好的选择。然而,让妈妈更愤怒的是女孩想要生下孩子并独自抚养。女孩告诉妈妈,自己可以打工养活孩子,可以继续学习,可以吃苦,而且社会上也有很多单亲妈妈。对妈妈来说,女儿的想法幼稚、天真,作为一个有经验的人,她明显知道这是不可取的。然而,16岁的孩子是不容易被说服的。

妈妈采取了各种方式试图说服女儿改变主意,包括指责、劝说、哀求以及动员亲戚等来说服她。然而,女儿是个倔强、叛逆的孩子,妈妈感到无奈。

在一次次失败后,妈妈感到困惑:是自己的思维过时了吗？是否应该接受孩子的选择？是自己需要改变吗？是自己对孩子不够尊重吗？此时，妈妈尝试通过"说服自己改变"的方式来解决问题。然而，妥协意味着自己需要承担养育孩子的责任，同时也要承受社会的非议，忍受孩子前途受限，甚至在未来的日子被孩子怨恨。

对妈妈来说，她面临着两个艰难的选择：要么强迫女儿改变并打掉孩子，要么忍痛自己改变并接受女儿的决定。这两个选择都非常困难。

关系中的许多矛盾都是这种情况的缩影：要么你妥协改变，要么我妥协改变。这两种情况都很困难。有些人认为这种情况下可以商量并相互妥协，但这可能意味着"双输"。

2

这位妈妈咨询了我，我是一名心理工作者，我要从心理学的角度教她如何处理这个问题。我们需要寻找除了你改变和我改变之外的第三种可能性——先处理关系，再处理问题。

这位妈妈不知道的是，她现在需要处理的不仅仅是女儿意外怀孕是否要终止妊娠的问题，更重要的是她们之间存在了很多关系问题。

通常情况下，母女之间是可以进行沟通的。如果一个孩子拒绝与自己的母亲沟通，这说明之前父母做了很多让孩子无法表达自己的事情。长期以来,孩子感受到了不被尊重、不被理解,于是她只能通过叛逆的行为来坚持自己。

那些看起来匪夷所思的单个事件,放在关系长期互动的背景下,往往就不那么奇怪了。她们的关系早就出现了问题,女儿有太多被强迫或其他不好的体验,而这位妈妈却毫不知情。

这位妈妈对女儿坚决想要生下孩子感到愤怒。她没有考虑过一种可能性:

女儿一开始并没有思考生或不生孩子,她的感受可能是紧张、新奇、刺激、好奇,同时也伴随着恐惧和幻想。然而,当母亲得知女儿怀孕后的第一反应是指责、激动,并要求女儿立即打掉孩子。然而,一个16岁的怀孕女性,生理上已经开始分泌激素,准备好了做母亲。母亲的强迫会激活女儿作为准妈妈的本能,激发她坚定要生下孩子的决心。

换位思考一下:如果你意外怀孕了,另外一个人不做任何讨论地责备你并要求你打掉孩子,你会做出什么样的反应呢?

不仅仅是这次,每当女儿做出不符合妈妈期望的事情时,这位妈妈总是用类似的方式来处理:指责、讲道理、卖弄委屈。这会让女儿经常感到无助,觉得无法反驳只能妥协。这次,有一个声音在告诉她:不要再妥协了。

因此,解决怀孕问题实质上是在解决关系问题。解决关系问题实质上是解决女儿长期以来被误解、被忽视、不被重视、不被认可的问题。

我没有直接谈论她女儿怀孕的事,而是谈论了她女儿的出生和她养育女儿的艰辛,谈论了她女儿的优点和给她带来的自豪感。我和她一起回忆了她和女儿之间的许多美好瞬间。我们回顾了女儿小时候的听话和学习优秀的过往。女儿小时候也会有叛逆期,但多数时候女儿都会向妈妈道歉。妈妈一直很爱这个女儿,并为了她努力工作,付出了很多。

同时,这位妈妈也意识到:作为她自己的孩子,女儿真的承受了很多委屈。有一次,她告诉女儿女孩子不要留长发,否则会影响学习。然而,她从未考虑过女儿已经到了爱美的年纪。

她决定回去后,好好与女儿谈谈。我的建议是:

从关系入手,先不谈生不生孩子的问题,让妈妈和女儿先聊聊关系的问题。

一是真诚地询问:"从小到大,你觉得妈妈对你做了哪些强迫你的事情?让你感到委屈了吗?你愿意跟我说说吗?我真的很想了解。"

二是真诚地道歉:"一直以来,妈妈都在用自己的意愿要求你,很少考虑到你的感受,没有倾听你真实的想法。这是我作为妈妈的失误,我非常抱歉。"

三是真诚地表达感激之情:"感谢你为妈妈做过很多妥协,但妈妈从未注意到过,以前把你的这些妥协视为理所当然。感谢你为我所做的一切。"

我告诉这位妈妈："如果你能想办法让孩子敞开心扉向你抱怨，并且你能够耐心聆听并真诚忏悔，那么关于生不生孩子的问题就有可能展开讨论了。结果也不一定是生还是不生，而是你们可以以一种合作的态度来面对这个孩子。"

3

在某个问题上，当两个人产生了矛盾，除了你改变或我改变，还可以从关系的角度来看待问题。首先修复关系，然后再讨论具体的事情。

在关系中，我们往往先有了敌对态度，然后在具体的事情上产生了敌对情绪。而不是因为我们在某个问题上观点不同而立即产生了敌对情绪。

如果你与伴侣、孩子、父母、客户、领导等产生了矛盾，而你不想失去他们，你也无法改变他们，你也不愿意无限制地委屈自己，你可以思考一下，先去了解对方此刻内心的体验，他们有哪些委屈和意见是没有机会向你表达的。

如果你愿意敞开心扉去了解另一个人眼中的你，你们的关系就有修复的可能性。这个过程就是包容：我透过你的敌意看到了你的伤口；我透过你强大的外表看到了你内在的脆弱；我愿意去讨论我们的关系，消解你内心的委屈，因为你对我很重要。

当一个人的委屈、无助、孤独等负面情绪被理解后，他就自然愿意来修复关系。此刻的你就像太阳一样温暖，谁会拒绝温暖的太阳呢？

4

有人认为这样做会委屈自己，但你当然不是非要这样做不可。你可以放弃那些你不在乎的关系。你需要具备建立深度关系的能力，这并不局限于特定的人，而是你自己需要具备的能力。

这种能力就是包容，是一种高级的爱的能力。拥有爱的能力也会吸引更多的爱来到你身边。一旦你建立起深度联系的关系，你就能抵御内心的恐慌和无助。

在这个时代，外部环境变幻莫测，每个人都难免感到恐慌和无助。然而，爱可以帮助我们度过寒冬。尽管我们无法改变外部环境，但我们可以寻找内心的爱。当你发现有人与你同行，你会感到心安和有力量。

即使你觉得这样做很麻烦，不想包容、不想去爱，你仍然可以包容自己。你可以看见自己内心的无助、焦虑、担心、害怕、压力和孤独，你可以看到你内在受伤的小孩，你可以清晰地描述并寻求帮助，你可以寻找那些爱你的人，而不仅仅是需要你去爱的人。

请相信，当你清晰地表达自己，你就能找到很多爱。

陪伴是最好的疗愈：改变焦虑的正确方式

1

有同学告诉我："我的妈妈已经72岁了，她严重失眠，我感觉她非常焦虑，总是担心各种事情，我每天都打电话开导她，但效果不太明显，我不知道该如何运用心理学知识去帮助身边的人。

大家身边是否也有类似的人呢？他们可能非常焦虑，或者正在承受一些痛苦，你想帮助他们，但他们似乎对你说的话不太在意？

如果你已经与某些人划清了界限，不再希望帮助他们，那么恭喜你解脱了。但对于一些人来说，当他们看到另一些人在受苦时，因为爱他们，不希望他们继续受苦，所以想要帮助他们。想要帮助身边的人是很好的，但你首先要明白：

用说教的方式很难改变别人的观点。

你想要改变72岁的妈妈的观点,让她不再胡思乱想、不再焦虑,但这样做不仅无益,还可能让她自责,加重她的焦虑,甚至让她觉得自己不被理解。

举个例子,假如妈妈告诉你:"我觉得门口有个坏人,他总是想害我。"你对她说:"他不会啊,他为什么要害你呢?你别想太多了!"妈妈可能会觉得你不理解她。

2

你可以尝试另一种方式来缓解她的焦虑,那就是认同她。与其花时间试图开导她,不如花时间去认同她。你可以对妈妈说:"是的,确实可能是这样。我们要小心一点,确保门锁好了,万一有坏人进来怎么办?"

想象一下,如果你这样跟妈妈说,她会有什么反应呢?

如果你再和她一起讨论危险的后果或其他细节,比如问问妈妈:"你觉得这种人可能在什么时间进来呢?你觉得他白天作案的可能性大,还是晚上作案的可能性大呢?"

这时候,妈妈会有怎样的反应呢?

你无需向妈妈灌输你的心理现实,你只需要尊重她的心理现实。当焦虑被讨论和被认可时,焦虑就会缓解。当情绪得到关注时,它会流动起来,情绪的流动会减轻压力。

因此,帮助一个人(如果你愿意帮助他们)最好的方式就是以认同为基础的陪伴。陪伴并不仅仅是在他们身边,陪伴意味着让他们知道你与他们站在一起。陪伴是和他们一起讨论他们潜意识中感兴趣的话题。

3

那么，为什么陪伴可以改变母亲的焦虑情绪呢？首先，我们需要探讨焦虑的起因，焦虑是人与事情产生联系的一种方式。

当我们担心这个担心那个时，我们的情绪会被唤起。当我担心细菌或坏人时，我的心中涌现出许多事情，我的世界变得忙碌起来。换个角度来看，焦虑可以抵御孤独感。当我心里装满事情时，我会觉得自己不那么孤单。我感觉有很多事情要做，我感到很充实。

焦虑的人就是忙碌而充实的人。

如果一个人不焦虑，周围又没有人陪伴，那会让他们感到很难过。这也是老年人不愿意闲下来的原因。没有事可做，也没有人陪伴，会让人感到孤单。而当你去陪伴一个人时，你就进入了他们的心灵。你住进他们的心灵后，他们焦虑的事情就无法进入他们的内心。

因为有了你，所以我不再害怕。因为你住进了我的心灵，所以那些让我焦虑的事情可以被排除。

无须改变焦虑，焦虑只是人与这个世界产生联系的一种方式。

三 好好说话，好好倾听

所以，如果你真的想帮助身边的人，首先要理解他们，然后与他们站在一起，而不是对立。这就是你能给予的爱。爱能消除所爱之人的焦虑。

四

内在成长,外在收获

心智成熟的四种表现

我们开设了很多自我成长的课程,讨论如何让自己成长。有人问自我成长能带来什么,自我成长的结果就是心智成熟。那么怎样才算心智成熟呢?有四种表现:

1. 不带敌意的拒绝;
2. 不带诱惑的深情;
3. 不带羞耻的需要;
4. 不带歉疚的离开。

1

不带敌意的拒绝。

你可以对我有要求,这是你的权利,但是否接受你的要求,则是我的自由。你可以对我有评价和指责,这是你的权利,但是否认同你说的话则是我的选择。我尊重你,也尊重我自己。所以当我拒绝你的时候,并没有敌意。

有的人觉得被要求是在逾越界限,实际上被要求只是别人发出了一个希望你配合的愿望而已，如果你不想配合，你有绝对的权利选择不去那么做。当你不愿意配合别人的要求时，那不是你错了，更不是他错了，而是因为你不喜欢。你可以尊重对方的要求，同时选择不去做。

有些人难以忍受被指责。别人否定你的时候，他们觉得被否定和被要求了，实际上别人说什么只是他们发表自己观点的方式。我们每天听到很多观点，包括对天气、他人以及自己的评价等，各种观点都有。你是否同意完全可以根据自己的判断。

当你明白别人的自由和你的权利之间的区别时，你就可以带着尊重和允许的态度，在喜欢的时候接受，在不喜欢的时候拒绝。

一个人在被要求的时候带着愤怒，是因为他无法接受困难。内心只有一个想法："你怎么可以让我如此为难。"

2

不带诱惑的深情。

我对你好，是因为我爱你，绝不是因为我需要你。所以当我付出时，不带条件。

心智不成熟的人的深情是虚假的，是带有条件的。比如，妈妈给孩子零花钱，条件是孩子要听话。每次满足孩子的需求时，都会加一句"那你以后要听话"。有的伴侣在做家务、付出时，暗含着要求对方"你也要用同样的方式对我"。

这些条件从本质上来说就是诱惑和需要，是一种"你只有满足我的条件，我才愿意对你好""我对你好，你就必须要满足我的条件"。

真正的爱是不需要回报的。良好的关系是"我爱你，你也爱我"，而不是"因为我爱你，所以你要爱我"。所以，心智成熟的爱就是：我想爱你，所以爱你。而不是我需要你的时候才去爱你。是我不想爱你的时候，就及时停止，而不是强迫自己继续付出。

如果你体验到自己的匮乏，不确定对方对你的态度，你可以停止付出，先照顾自己，而不是通过照顾对方换取他人对你的照顾。后者是一种交换，有损失。为什么不直接照顾自己呢？

在带有诱惑的深情中，人们常常觉得："我是不应该先照顾自己的，我只有通过照顾好你，才能间接地照顾自己。"

3

不带羞耻的需要。

爱的反面就是需要。当能量充足时，人们会自动选择去爱，这是本能。当能量匮乏时，人们会需要被爱，这也是本能。所以需要并不可耻，但对于一些人来说，需要却非常可耻。

通过我对你好的方式来间接地获得你的爱，这是经过修饰的表达方式。然而，被付出的人常常无法察觉出付出者表达需求的意图，从而忽略了付出者的需求。于是，付出者转向失望、抱怨和愤怒，攻击那些他们为之付出的人。

攻击是表达需求的另一种方式。我指责你，告诉你你做错了什么，这样你就可以改变成让我感觉舒适的样子，同时我也能保持我的高姿态。

除了以上方式，讨好也是表达需求的方式。讨好者会认为"我照顾好你的感受，你就会对我好"。努力也是表达需求的方式，"只要我表现得好，你就会对我好""只要我变得更出色，你就会对我好"。

然而，直接说出来不是最直接的表达需求的方式吗？

你可以直接说，"我很需要你关心我，因为我此刻很失落""我很需要你安慰我，因为我此刻很脆弱""我很需要你陪伴我，因为此刻我很孤独"。

心智不成熟的人内心会有羞耻感，不允许自己直面自己的需求。需要会让他们感受到自己不喜欢的脆弱和低自尊。所以，他们用防御的方式表达需求。他们内心的逻辑是"我不配有自己的需求""我的脆弱是没有人在乎的"。

心智成熟后，你会发现，你并不是在做一件错事，而是在选择照顾自己。对你来说，在那一刻有比对方更重要的事

四　内在成长，外在收获

物，你有比对方更重要的选择。也许这会对对方造成一些伤害，但那不是你的错，更不代表你不好。同时你也要相信，对方有能力照顾好自己。

受伤并不代表没有能力应对。你需要允许对方感受到受伤，因为他在意你，所以不想你离开。但他受伤并不代表他不会照顾好自己。就像有些妈妈看不得孩子哭泣，因为她无法面对孩子的脆弱。然而，哭泣恰恰是孩子消化情绪的一种方式。

你们都有足够的能力照顾自己。你也可以选择因为对方更重要而留下来，但无须因为"离开了，我就不是个好人"的想法而感到歉疚才留下来。

4

在这四种表现里，有一些关键要素是我们灵魂的一部分：

1. 界限。

我能为自己负责，并且相信你能为自己负责。我尊重自己，同时也尊重你，我相信我们两个都能在一定程度上照顾好自己。界限，是对彼此最大的尊重。

而心智不成熟的人则希望别人为自己负责，这就陷入了婴儿的状态——我需要一个妈妈。

2. 高自尊。

当我选择拒绝你的要求时，我依然是一个好人。当我疲倦时选择不付出，我依然是一个好人。当我脆弱时选择需要你，我依然是一个好人。当我选择先照顾自己而离开你时，我依然是一个好人。

我优先照顾自己，并不意味着我是自私或无情的坏人。我依然相信自己是一个善良的人。

3. 意识到有选择的权利。

我知道我正在做出自己的选择，我也可以选择不再委屈自己。我可以选择继续保持原来的样子，继续付出和忍让，但这都是我的选择。我也可以有新的选择。

与以前不同的是，以前我认为我不得不这么做，现在我知道我可以选择不这么做或继续这么做。无论我如何选择，我都可以并且必须为自己负责。

当你掌握了这三个核心感觉，你就能展现出前面说的四个表现。当你越来越多地表现出这四个特征时，我们就知道你在心灵成长上付出了很多努力，并且真正取得了成效。

因此，让我们恭喜你：

你又在某种程度上成长了。

四 内在成长,外在收获

提升外在或内在,能吸引异性吗

1

求偶是人类的本能,它不仅是繁衍的需求,更是对抗内在的孤独感和无助感的一种方式,同时人类也需要一个伴侣相互扶持,结伴生活。

对于不自信的人来说,他们内在的求偶冲动会希望通过自我提升来实现。一旦一个人觉得自己不够有魅力,无法吸引自己喜欢的人,又无法忍受孤独,就会产生提升自己的冲动。他们想要通过打扮、健身、美容等方式让自己的外在更具吸引力。他们希望通过学习沟通技巧、恋爱技巧等来提升内在,甚至通过自我成长、阅读学习、礼仪训练等方式提升内涵。

自我成长是一件非常好的事情,它代表了个人的进步。然而,提升外在或内在是否能够吸引异性呢?

答案是肯定的。当你的外在变得更美丽,你对他人的吸引力也会增加；当你变得更幽默，你也会吸引更多的人。我观察过许多案例，一些女生通过简单的整容，让眼睛变大、脸型更小巧、鼻子更挺拔，就吸引到更多的追求者；一些男生通过美妆让自己看起来更酷，也赢得了更多仰慕者的芳心。

世界上有许多关于如何与伴侣相处的课程，以及如何吸引异性的课程，这些课程大多都有道理且实用。如果你坚持运用这些方法，你的亲密关系确实会有很大的改善。甚至在我的课程中，我也会大量使用一致性沟通等教学方法，帮助大家改善伴侣关系。

毫无疑问，爱情也是需要学习的。然而，有时候过度强调外在或内在的提升并不利于爱情，反而可能产生负面影响。

2

问题在于，吸引异性和维持与异性的关系是完全不同的两回事。一段亲密关系包含建立和维持两个部分。

通过自我提升来吸引异性相对容易，只需认真学习即可。然而，要想通过提升内在或外在维持与某个异性的关系，非常困难，甚至可能产生负面效果。是的，通过自我成长来吸引异性可能对关系有害。

你现在有多大动力通过自我提升来吸引异性，就代表了

四 内在成长，外在收获

你对亲密关系有多重视和渴望。你的渴望程度越高，你就越有可能破坏关系。过度重视是破坏关系的第一因素。你的关注会给对方带来压力，将对方推得远离你。

在亲密关系中，过度以家庭为重的人可能会破坏关系；在亲子关系中，过度关注孩子冷暖的父母也可能破坏关系；甚至在工作关系中，全心全意为公司奉献的员工也可能破坏关系。

过度关注与不关注都会破坏关系。

健康的状态应该是：

在亲密关系、亲子关系、社会关系和工作关系等多种关系中保持平衡，而不是过度投入某种关系。同时，这种平衡应与对方的重视程度基本一致。如果一方过度重视而另一方不那么重视，关系就会失衡。

3

你此刻的提升会被潜意识认定为"我都是为了你而做"。为了和你在一起，我变得更漂亮；为了维持我们的关系，我在学习自我成长。就像许多母亲为了孩子的成长而自我成长一样，这些都可以被称为付出感。

付出感，正是亲密关系中的一大破坏力。

付出感之所以具有如此大的破坏力，是因为每一份付出都贴有价格标签，你会期望对方给予十倍甚至百倍的回报。

而当对方无法给予满足期望的回报时，付出的人就会感到委屈、愤怒，进而攻击对方，破坏关系。

健康的自我成长和提升，无论是外在还是内在，绝不应该是为了谁或为了得到谁，而是为了自己。当我看到更好的自己时，本身就会感到开心并有成就感。我成长是为了自己，与其他人无关。

通过自我提升来吸引某人，实际上是以他人为中心。以此为目的会让人过度关注结果。过于关注结果会导致失望和沮丧……

我应该是自己的中心，在提升自我的过程中顺便吸引到其他人。只有这样，才不会在关系中失去自我，才能够维持一段健康的关系。

4

提升自我本质上是一种改变，如果是为了自己而改变，这是自我挑战、自我突破，是一件充满成就感的事情。然而，如果是为了吸引异性而改变自己，就暗示了一个前提：只有通过改变，我才能被你喜欢；真实的我无法被你接受。

这背后反映出一个人对自身价值的低估。

带着这种低估的自我进入关系，就会不自觉地将自己的姿态降低，进入不平等的关系中。这种不平等会导致委屈和怨恨的产生，从而伤害到关系。

四　内在成长，外在收获

　　改变应该是锦上添花的事情，改变了更好，不改变也可以。如果一个人只有通过自我提升才能吸引到伴侣，他就会离真实的自我越来越远，在关系中也不敢轻易展示真实的自己。这样，他与伴侣之间就会存在隔阂。不真诚的关系本身也难以维持。

　　因此，与其关注如何变得更好以吸引异性，你会发现那些愿意接纳真实自己的人其实更容易带给你幸福。

为你内心的冲动而活，就是快乐

1

你快乐吗？

你可以询问自己此刻的感受，你对这个问题的答案是什么呢？快乐，不快乐，还是无感？你也可以回顾一下最近的生活，你的快乐程度如何？你上次体验到快乐和满足感是什么时候？你最深刻的快乐经历是哪次？

以上这些问题，你能回答出几个呢？

对于某些人来说，快乐似乎是个既熟悉又陌生的词。熟悉是因为从小到大我们常常听到；陌生是因为我们逐渐忘记了快乐的滋味。相反，如果我问你最近是否感到生气？是否感到焦虑？你可能对这些问题更为熟悉。

然而，如果我问你是否想要快乐，我猜你会给出肯定的答案。这意味着你没有放弃自己，你的内心深处仍然有一团渴望快乐的火焰，只是你忘记了如何获得快乐。不要紧，只要你不放弃对快乐的希望,我们仍然有机会变得快乐起来。

那么,快乐去哪儿了呢?

如果你观察小孩子,你很容易从他们身上找到快乐的痕迹。从婴儿到儿童,他们没有金钱、车辆、房屋,却很容易感受到快乐。那么,为什么当我们长大后,拥有的越来越多,却越来越少地感到快乐呢?

拥有并不是快乐的源泉。如果我们愿意深入发掘是什么阻碍了我们的快乐,我们就能找到快乐。

2

首先,我们需要思考一个基础问题:什么是快乐?

快乐就是内心的冲动。其实,你内心深处总是对某些事物产生冲动。当你走在街上时,你可能莫名地对某个人心生好感;当你在商店里时,你可能突然被某件衣服吸引而停下来。这种冲动是你内心喜欢的表现。你的潜意识里一直都知道自己喜欢什么,对什么有感觉。

如果你愿意去发掘那些让你产生冲动的事物,你就能体验到快乐。

孩子和成年人最大的不同在于,孩子更能倾听自己的内心,他们知道自己此刻想要什么,愿意为内心的喜欢付诸行动。然而,他们的父母通常不允许他们做让自己开心的事情,而是更希望他们做正确的事。

比如，不能玩泥巴、不能晚归、不能和"坏孩子"一起玩、不能"口无遮拦"……凡是能让孩子感到快乐的事情，都会受到禁止。而做作业、做家务、体谅父母……凡是痛苦但正确的事，才是应该做的。

久而久之，一个人内心的冲动越来越弱，理性的声音越来越强，他就不知道什么能让自己快乐了。

如果你长时间生活在理性的世界中，你的愤怒、焦虑、沮丧、困惑、无助、绝望和孤独等负面情绪会一再提醒你：你正在做一些你不喜欢的事情。

负面情绪的意义之一就是提醒你正在受苦。你过着一种不合心意的生活，你变成了自己不喜欢的模样，你在苦苦折磨自己。此刻，你的潜意识在通过情绪反抗。

负面情绪也在提醒你，你应该多一些快乐。

负面情绪在说："我知道你不喜欢现状，我知道你有一个愿望。去发掘自己的愿望！那正是能让你快乐的地方。"

战胜黑暗的方法不是排斥黑暗，而是照亮它；驱散负面情绪的方法也不是排斥它，而是要有发自内心的快乐。

3

我内心有一个冲动，那就是想吃东西。薯片、可乐、奶茶等都是我内心冲动的对象，它们能给我带来快乐。然而，我知道这些食物并不健康。当我感到快乐的时候，同时激发

四　内在成长，外在收获

了我的焦虑，那么我应该按照冲动去吃东西吗？

这个问题很好，你能意识到自己的焦虑。你的焦虑在告诉你："我想要一个健康的身体。"因为，拥有健康的身体也是你内心的冲动，也可以带给你快乐。

这是影响我们快乐的第一个因素：内心的冲突。

我们经常会觉得满足内心冲动的事物，可能对健康造成损害；而对不损害健康的事物，我们可能会感到苦恼。然而，你可以将这个冲突转化为两种快乐之间的选择：追求美食的快乐和追求健康的快乐，我应该选择哪一个呢？

就像是鱼和熊掌，都能带给我快乐，那我应该选择哪一个呢？在两个好的选择之间做抉择，这是一种幸福的困扰。有些人觉得自己"既想……又想………"时，会责备自己太贪心，但这实际上说明能让你快乐的事有很多。

比如，"我不想工作，但我不得不工作"，这意味着"我热爱自由，但我更热爱金钱"；"我不想照顾孩子，但我不得不照顾"，这意味着"我热爱自由，但我更爱我的孩子"。这不就是在两个好的选择之间做抉择吗？

你可能会受到他人的评判和教导，他们会告诉你应该选择什么，甚至你自己也会评判应该选择哪个。但实际上没有人规定你必须选择哪个。选择哪种快乐，是由你自己来决定的。

而且，你也可以变化。你可以根据自己的感受，在不同的时刻做出不同的选择。你可以在自己的世界中找到一个平衡点。

此刻，一杯奶茶摆在我面前，喝还是不喝呢？那看感觉，如果获得美食带来的快乐的冲动更强，就选择美食；如果内心想保持健康的冲动更强，就选择健康。有些人会担心如果一直追求美食的快乐怎么办？其实并不会。当你的焦虑达到某个临界点时，你的思维方式就会改变，你会觉得健康的快乐更加美好。

克制是一种快乐，放纵也是一种快乐，那我应该选择哪一个呢？你可以根据你内心的感觉来选择，如果更喜欢克制，就选择克制；如果更喜欢放纵，就选择放纵。

你内心的感觉，总会提醒你哪种选择能让你更快乐。

4

当你找到了内心的冲动，此刻你就可以做一个选择。这个选择是：为了获得这种快乐，我可以做些什么？

举个例子，当面对奶茶和薯片时，你的感觉告诉你，选择健康的快乐更能让自己满足，那么你的选择范围就包括：健身、饮食营养、保持规律的作息、接近大自然等，有很多方法可以让你获得快乐。每当你实践内心的冲动时，你会发现有许多方法可以让自己快乐。

有些人可能会说：我根本做不到啊！

这里有一个问题，那就是怎么才算做到呢？是跑步10

千米才能算健身,还是跑 10 米就算呢?如果今天只跑了 1 米,难道就不能称之为健身吗?

我们去实践自己内心的冲动时,每迈出一步都是一种惊喜。跑了 10 米就有 10 米的快乐,因为你为健康跑了 10 米;跑了 10 千米就有 10 千米的快乐,因为你为健康跑了 10 千米。

如果你认为只有跑完 10 千米才能快乐,那就是一种"结果导向的快乐",只有在实现某个特定的、可量化的结果时,你才能体验到片刻的快乐。接着你又会追逐下一个结果,等待下一个愿望的实现,这样才能再次体验到片刻的快乐。

这是影响我们快乐的第二个因素:过度追求结果的快乐,而忽略了过程中的快乐。

人生的目标并不是达到某个结果。结果固然会带给人快乐,但过程本身也是一种快乐。当你有一个愿望,有一个内心的冲动时,去实现这个愿望的过程本身就是你在逐渐接近、发现更好的自己。这就是"过程中的快乐"!

5

那么,如何让自己快乐呢?

停止思考"我不想要什么",而转变为"我想要什么"。跟随自己的内心,找到自己内心渴望的冲动,这样可以让自己找到快乐。

放下对于结果的执着，体验"每一点进步都带来欢乐"的过程中的快乐，这样你可以享受整个过程。

真正的快乐是一种意义感。当你为自己内心的冲动而活时，你就会体验到生活的意义。当你体验到快乐时，你会对生活充满希望，你会觉得活着是一种幸福，你会感受到内心深处的踏实感，你会渴望拥抱每一天，你会获得快乐的体验。快乐的人不一定是优秀的，但他们一定拥有价值感。

这个过程也是做自己的过程，因为你正在为自己而活。

快乐的三个层次：如何让自己拥有深度的快乐

1

有的人经常在生活中感觉到空虚、麻木、无意义感、缺乏存在感，不知道自己为何而活，不知道应该做些什么，不知道自己的喜好。他们像行尸走肉一样生活，缺乏活力和兴趣，陷入一种脱离现实的状态，只是在履行应尽的义务和责任。在夜深人静的时候，他们会质疑自己的存在。尽管表面上看起来一切都很好，但他们无法获得真正的快乐。

那快乐到底去了哪里呢？

它被理性掩盖了。当一个人的生活完全依赖于理性时，他就失去了真正的自我。他掩盖了自己的兴趣爱好、理想，无法感受到内心的冲动。

一个人内心的冲动就是他真正的自我，是他真正的快乐来源。当你为自己内心冲动而活时，你会感到活着是幸福、安稳和快乐的。因此，如果你想活出真正的自己，活出自己的生命力,实际上就是要找到内心的冲动,唤醒你对这个世界的热爱。

快乐,可以治愈空虚感。

那你内心的冲动在哪里呢?你如何找到它?做什么可以让你快乐呢?

其实,快乐有三个层级。

2

第一层级的快乐来自感官刺激的满足。

当你追随感官的冲动,满足你的视觉、味觉、听觉、嗅觉、皮肤触感等感官,你会感到一种原始的快乐。这包括享用美食、品味美酒、获得良好的睡眠、熬夜追剧、旅行观光、游乐园嬉戏等。这些都是极具刺激性的活动。

这些感官刺激会带给人快乐。只要在现实允许的范围内,你跟随自己的欲望,最大程度地满足自己即可。

有时候我们会限制自己,不敢让自己获得这种快乐。例如,当我们想吃东西时,却限制自己不吃,因为担心发胖;当想通宵追剧时,却责备这样会对身体不好;当想去旅行时,用金钱限制自己,因为觉得不能浪费钱。

克制自己固然有好处,这使我们在现实层面上变得越来越好。然而,过度克制的结果是我们无法获得满足感,并逐渐迷失了自己。我赞同人们不应过度放纵自己,但我认为在安全范围内最大化地满足自己的欲望,才能感受到快乐。

健康的状态就是:有时候放纵,有时候克制。

3

第二层级的快乐是情绪得到关怀的满足。

何时要克制自己的感官冲动呢?当你出现焦虑、内疚、自责、空虚等负面情绪时。这时,你可以选择优先关注自己的情绪而不是感官的刺激。

玩游戏是一种感官刺激,让人愉悦。然而,如果玩游戏让你感到焦虑,你该怎么办呢?你应该放下游戏,开始学习。在这种情况下,你保持了克制,通过克制来安抚自己的焦虑,在这个过程中你会感到愉悦。你之所以保持克制,不是因为懂得"学习是正确的"这个道理,而是因为你想做些事情来安抚自己的焦虑。同样,你选择锻炼身体、早睡、节食,都不是因为对错好坏,而是因为这些可以安抚你的焦虑,并带给你满足感。

有时你会感受到体内涌动着一些负面情绪,并为它们感到难受。但是我要恭喜你,此时你拥有了快乐的机会。当你关注自己的愤怒、焦虑、恐惧、低自尊等负面情绪,并加以照顾时,你会感到满足。你的情绪越强烈,关注和照顾后的满足感就越大。这就是情绪得到关怀后带来的快乐。

情绪的关怀有两个方向:一个是自我关怀,另一个是寻求他人的关怀。这两个方向有一个共同前提：你的情绪是非常重要的。只有当你认为自己的情绪是重要的，你才愿意花费精力来关注它。

有些人在自我脆弱时渴望亲密关系，希望恋爱、改变对方对自己的爱、希望被关注和关心。事实上，渴望亲密关系意味着你希望有一个人可以照顾你的情绪。

当你的情绪得到关怀时，你会感到自己是在爱护自己，会感到踏实。

4

第三个层级的愉悦感来自精神层面的满足。

阅读一本好书、聆听一堂好课、获得灵感、成功完成一项任务、参与公益项目等，这些活动会给你带来内心的满足感、成就感和意义感。这是第三层级的愉悦。

情绪除了被关怀，还可以通过学习和思考得到满足。通过学习和思考，你会获得精神层面的快乐。

当你感到焦虑时，你可以选择学习、工作、锻炼身体来安抚自己的焦虑，这是第二层级的情绪快乐。但是，如果你开始思考背后的心理过程，领悟到焦虑背后的恐惧，你将获得升华，感受到生命的伟大和自己的努力，你会得到精神层面的快乐。

当你感到孤独时，你可以通过喝酒来排解孤独感，酒精

四　内在成长，外在收获

会刺激你的神经，从而获得感官上的快乐；你可以寻找他人的陪伴，关怀自己的情绪，从而获得情绪上的快乐；你也可以面对孤独，独自思考孤独，领悟自己为何感到孤独，以及孤独给予自己的意义，从而得到升华，感受精神层面的快乐。

思考、阅读、聆听、心理咨询、与他人交谈、冥想等方式都可以使你对自己和世界有更深的领悟。当你将这些领悟付诸实践，参与公益事业、帮助他人、创作、投入项目，将爱投注于他人和事物中时，你会对他人和事物充满热爱，从而获得巨大的满足感。

那就是你人生的意义所在。你会体验到一种"存在""的满足感，这就是精神层面的快乐。

5

人类之所以与动物不同，就在于我们有更高的追求。当低层级的快乐和高层次的快乐发生冲突时，我们应该优先照顾相对更高层级的快乐，这样会使我们更加快乐。同时，这也会让我们更加成功、更加幸福。

抗挫折能力很差怎么办

1

一位同学觉得自己面对困难时总是想要逃避和放弃,认为自己的抗挫能力很差,不知道该如何应对。

有人认为提高抗挫能力的方法是面对困难并经历挫折,甚至一些父母会刻意让孩子经历失败,以期提升他们的抗挫能力。

但这未必是一个好主意。

我们可以将抗挫能力类比为体能:当一个人体能较差时,他应该如何解决呢?许多人认为体能差是因为缺乏锻炼,因此只需加强锻炼,体能就会自然提升。

然而,使用这种方式来提升体能有时会对他们造成伤害。因为体能差可能有多种原因,缺乏锻炼并非唯一原因。例如,营养不良、生病、先天因素、缺乏睡眠等都可能导致体能差。想象一下,一个营养不良导致体能差的人如果继续

四 内在成长，外在收获

加强锻炼，会有什么后果。

同样，抗挫能力差也有许多原因。先天体质、身体素质、环境，以及过度幻想等都可能导致个人抗挫能力差。

2

仅仅从锻炼与否的角度上来看，体能差的原因有两种：

第一种原因：从不锻炼。这是大多数人的认知。

第二种原因：锻炼过度。

过度锻炼也会导致体能变差。例如，一些工人、农民、白领、学生等在长期过度劳累中透支了自己的身体，产生了器质性病变，从而导致体能下降。

抗挫能力也是同样的。只是从锻不锻炼的角度来说，也有两种可能：

第一种可能是，从不经历挫折。你就像温室中的花朵，无须努力面对困难。你只需张开嘴巴，食物就来了；伸出手臂，衣物就穿在身上。你每次考试都名列前茅，从小到大一帆风顺。你的成长历程充满顺利。然而，这种被父母和命运宠坏的人实际上相当罕见。第二种可能是，经历过度挫折。你从小就承受过多的挫折。父母很少关注你，甚至给你许多任务，告诉你为什么要像成年人一样承担责任。你成了父母的工具，为他们干活，经历挫折。同时，你还要应对许多成长中的困难，包括学习、社交和迷茫。在这种情况下，你经历了过多的挫折，对挫折形成了巨大的恐惧。

第二种情况在生活中较为常见。当孩子经历挫折时，会感到恐惧，希望依赖父母。然而，如果父母无法提供依赖，即使孩子很害怕，也必须勇敢面对。此时，挫折在他们心中成为一件特别可怕的事情。小时候经历的挫折太痛苦了，成年后便不愿再次经历挫折。因此，表面上看起来是抗挫能力差。

3

你可以思考一下，造成你抗挫能力差的原因是哪一种？是因为一直有人保护着你，所以你没机会面对挫折？还是从来没有人保护过你，你不得不自己去面对挫折？

针对这两种原因，有两种不同的解决方案：

如果你从小就没经历过挫折，那你需要多加训练。

如果你从小就经历很多挫折，那你需要学会关爱自己，不要再强迫自己。

例如，你可以学会逃避和放弃。经历了这么多挫折，你感到疲惫和害怕，那么你不应再让自己置身于更多的挫折中。你需要休养生息，减少生活的困难，而不是强迫自己面对困难。你需要恢复自信，不再挑战过于困难的任务。

小时候，你没有选择，不得不独自面对生活的压力和困难，以求生存。但现在情况是否仍然如此？现在，是否仍然

四　内在成长，外在收获

只有通过面对压力和困难才能生存下去？逃避真的那么可怕，那么难以接受吗？

当你处理一些相对简单的任务，而不是强迫自己去应对艰难的任务时，你的信心就会回来，能力也会增强。培养抗挫能力是一个循序渐进的过程，而非一蹴而就的事情。

当然，放弃和逃避并不是唯一的解决方法。例如，你可以学习求助。如果遇到了无法独自面对的巨大挫折，你可以寻求能够帮助你解决问题的人的帮助。或许在你小时候，父母不愿意或无力支持和帮助你，但这并不意味着长大后，身边的人不愿意帮助你。

只要你不再强迫自己勉强面对困难，只要你不再告诉自己必须独自承担一切，你会找到很多保护自己的方式。

4

有些人会无意识地、习惯性地把自己置身于无法应对的困难中，然后强迫自己面对和坚持。

但是你知道吗？当一个人体验到没有人支持自己，不得不独自面对能力范围之外的困难，他必然感受到孤独和无助。

这种感觉恰好是内心深处一直存有的感觉，是从小到大一直隐藏在内心深处的感觉。在某种程度上，人们故意让自己去挑战困难，就是为了反复体验内心的无助感，潜意识就会以此来证明,"我不值得拥有轻松的生活,只有无助和绝望适合我"。

这是为了满足对父母的认同需求。你的无助和绝望正是父母潜意识中想让你体验的感觉。他们不帮助你、指挥你、否定你、恐吓你,就是为了让你体验无助。

因此,至关重要的是,你可以进行分离:

那只是你小时候的情况。现在,你有自己的选择,你可以选择拥有一个轻松的人生。你有放弃克服困难的权利。放弃是在保护你自己,面对无法承受的困难时,你是自由的,你有权利保护自己。

困难也许不会消失,但让此刻的自己感觉好一点,难道不重要吗?曾经经历过的痛苦,难道还不够吗?还要自己主动一遍又一遍地遭受痛苦吗?

无论何时,你都值得更爱自己。

四 内在成长，外在收获

无聊时刻的心理保卫战：
专注力与刺激的博弈

1

人之所以难于专注当下，是因为当下的事情有一个特点：无聊。

比如，一个熟练的司机开车时，注意力通常会转移到其他事情上，很难专注于路面或方向盘。因为驾驶这件事情对他们来说太熟悉了，熟悉到没有什么新鲜感，变得特别无聊。而对于新手司机来说，驾驶是一件紧张刺激的事情，他们会更加专注当下。

当人们读书、听课、工作，或者写作业时，可能会出现注意力不集中的情况，这也是因为要做的事情太无聊了，无法激发他们的兴趣。有些人在打坐、冥想时也经常走神，因为他们觉得太无聊了。

无聊和对错好坏无关。有些事情是正确的、应该做的、有好处的，但对你来说仍然是无聊的。

无聊与任务的难易程度无关。有些事情很简单，比如吃饭，但有些人也很难专注，总是要分心看其他东西。有些事情很困难，比如阅读名著、听力训练，就像一串串代码，同样很难让人专注。

无聊只与能否激发人潜意识中感兴趣的刺激有关。

2

当你问"为什么注意力很难专注在当下"时，你默认人的注意力应该在当下。但事实上，人的注意力并不总是在当下，而是在刺激中。人的身体只能在当下，但注意力可以自由跳跃，随时离开身体去其他地方。

例如，当你在阅读书籍时，如果书中的内容不吸引你，你的注意力自然会带你去寻找有趣的事情。有些人在听课时、无聊时会忍不住在书本上画画来创造刺激；有些人控制不住玩手机，不是因为控制不住想要用手机学习，而是他们的注意力希望找到能给他们刺激的手机内容。

不要以为你能够完全控制自己的注意力。注意力可以短暂地受意识支配，你可以强迫自己在短时间内集中注意力，但你无法持续很久。随着时间的推移，人会放松下来，注意力将受到感官刺激的支配。

这实际上是人类的一种自我保护机制。人们需要不断接受刺激,去感受到自己的存在。

有一个心理学实验叫作"感官剥夺实验":

将人关在一个小屋子里,提供适宜的温湿度和光线,提供足够但不刺激的营养,剥夺所有娱乐可能性,然后给予高薪酬,你能坚持多久?大多数人在 8 小时内就开始通过吹口哨等行为来制造刺激。没有人能坚持超过 3 天。

这个实验告诉我们:人的存在感,甚至人活着的意义,就在于接受新的刺激。

当你强迫自己做一些无聊的事情时,本质上是在进行"感官剥夺"。因此,当你的注意力无法集中时,你的不专注已经在提醒你:此刻,你太无聊了,一点刺激都没有。你的注意力自然想去寻找一些刺激的事情。

不专注在当下,意味着你不想让自己无聊至死。

3

刺激大致可以分为三种:

1. 感官的直接刺激。
2. 心理的刺激。
3. 精神的刺激。

感官的直接刺激,如吃喝玩乐,能给人带来愉悦和幸福感。但过度追求会产生反效果。有些人会沉迷于声色犬马、纸醉金迷,一时兴奋之后又感到空虚。这是因为人在持续接受刺激后，会对刺激产生适应性，需要更强烈的刺激才能体验到感觉。而如果无法及时提供更强烈的刺激，刺激对你来说就戛然而止。当一个人从强刺激转向无刺激或轻微刺激时，就会感到空虚。

空虚是在说：心里感觉不适应。

当你从强光环境走向弱光环境时，你的眼睛可能会暂时失明，你的心理也是如此，从强刺激到弱刺激需要一定的适应过程。

心理的刺激，如努力、竞争、恋爱、结交新朋友、旅行等，这些可以带来愉悦感。这些刺激能让你体验到新鲜感、价值感、成就感、激情或其他感觉，让你的注意力更加专注。

精神的刺激，指的是让精神世界非常丰富。有些人真的热爱阅读学习，并不是为了显得高大上，而是因为他们对于触动人心的观点感到兴奋。当这些人读到一个令人深思的观点、自我发现、顿悟或有灵感时，会产生充实、坚定和升华的满足感。

因此，如果你想让自己专注，你必须从事能够带给你以上刺激的事情，包括：爱你所爱的人，做自己感兴趣的事，实现自己的梦想，等等。在这些事情中，你会感受到自己注意力的专注，并体验到满足感。而如果你总是强迫自己去做"应该做"的事情，你会在无聊中耗尽自己的精力。

四 内在成长，外在收获

4

当有人问有关专注力的问题的时候，他通常是卡在了学习或工作上了。学习与工作，听起来是很应该、很好、很对的事，只要多做些，自己的人生就会有更大的成就。但学习与工作，有时候真的很无聊。怎么办呢？

首先，我不建议你采用强迫自己专注的方式来进行。效率不仅低，而且挫败感强。其次，你要在学习与工作中找到精神的愉悦，然后你自然能专注。那怎样寻找呢？

有一个很简单的方法：只接受你能力范围内的知识和工作，在你精力范围内去学、去做。

看不懂的书硬要看，驾驭不了的工作硬是要做，你没有相关的脑回路来加工，这些就是乱码，非常无聊。

人的智力并不是恒定的，人在疲惫的时候智力是下降的。如果你很累，你就要尊重自己的感觉，只做你此刻精力范围内的事。

有一个标准可以判断你此刻要不要继续：你的感觉是向往还是抵触，是渴望还是应该。

如果你觉得此刻不喜欢了，这并不意味着你一定要停止然后去玩、去休息。你想做的事没做完、想学的知识没学到，这时候如果去玩会增加你的焦虑，那么你应该做的是换个量级：选择更轻松的知识去学，选择更轻松的工作去做。

如果你怎么换量级,都依然感觉无聊。你要思考的就是:你走错了赛道。在一条不感兴趣的路上,你会备受煎熬,难有所成。

强大的理性和焦虑,让人走向了很多应该却无聊的事。你需要学习的,就是识别并尊重自己的感觉。

尊重自己的感觉,这是走向专注和成功最快的路。

洁癖和强迫症：隐藏的自我保护机制

1

一位同学说："洁癖和强迫症让我很痛苦，很多时候，即便不确定是否碰到了脏的东西，我也会将衣服全都洗一遍。和不太讲究卫生的人待在一起，心里就很不舒服，很害怕他们弄脏自己。"

2

脏被视为侵犯的象征，而干净则象征纯洁。

干净意味着一无所有，而肮脏意味着复杂。肮脏可能包含细菌、病毒、灰尘等。这些东西不同于金银珠宝，如果你认为这些肮脏的东西靠近你，那就等于伤害在靠近你，相当于侵犯了你。

当肮脏的东西接触到你时，意味着潜在的伤害。它不需要"一定"造成伤害，只需要"可能"伤害就足以让你感到恐惧。因此，洁癖成为你的一种生活方式，这是你保护自己避免受到伤害的方式。这是一种自我保护，而不是一种病。

3

小心谨慎有什么问题吗？

如果非要说有问题的话，那就是"过度"。当小心谨慎的程度影响到正常生活时，我们就需要去做一点干预了。

对于大部分人来说，一般的伤害并不会造成大问题，因为无论是心理还是身体，都具备一定的免疫力。但对于经历过很多侵犯和受到过伤害的人来说，情况就不同了，他们会变得特别敏感，对一切小事警惕备至。

因此，你可以回想一下自己曾经受到过的侵犯、强迫和伤害，然后心疼一下自己：我经历了什么，才让自己变得如此害怕，不得不竭尽全力保护自己！

然后试着相信自己：我实际上有很多力量可以保护自己，我不会轻易受到伤害。

4

每个强迫症患者都经历过许多被强迫。你真正需要做的不是嫌弃自己，而是心疼自己。

价值感的四种提升方式

1

自我价值感是指对自己的肯定和认可,这种感觉让我们觉得自己很好、能够做到很棒。它是一种美好的情绪体验,反映了对自己的深度认可。

当一个人缺乏自我价值感时,他会与自己为敌,自我攻击、自我否定、自我怀疑、自我嫌弃,觉得自己不够好。

在低价值感中,人会陷入自我怀疑的状态,想要改变却不相信自己的能力。在这种纠缠中,人的精力会被消耗殆尽,无法做出实质性的改变,继而无力改变现状,并再次陷入自我否定的恶性循环。

然而,具有高价值感也并不完全是一件好事。当一个人过于相信自己非常优秀时,容易陷入自我膨胀的状态,行事鲁莽、冒进,很快就会被现实敲打。而无法接受现实敲打的人则会陷入逃避和幻想的境地:只要我不去做,我就能取得巨大成就。

健康的价值感是客观认识自己的能力，清晰地认识自己所处的位置。不以与他人相比来评判自己的价值，不因为自己某一方面的不足而全盘否定自己，也不因为自己某一方面的优点而过于自满。

经常自我否定的好处是可以藏身于自己的小世界中，相对安全地生活，但代价是无法展现自己的潜力，常常被无意义感所笼罩。如果你想体验多彩丰富的人生，你就需要提升自己的价值感。

2

一个人永远不会放弃努力提升自己的价值感。

通常，提升价值感的方式是通过在现实层面上的努力。如果我发现自己有不足之处，我会想办法去改变。自我否定、自我攻击、自我谴责，是我改变的一种方式。我通过强烈地责备自己来强迫自己改变。

人们常常认为：如果我能改变现状，我的价值感就会提升。

然而，这很困难。一个低价值感的人很难通过改变现状来改变自己的体验。一旦他在某个方面取得了进步，他就会通过发现比自己更好的人、找到自己的不足之处、提高自己的标准这三种方法来继续保持低价值感。

四 内在成长，外在收获

你可以观察自己，你已经比 10 年前、20 年前的自己优秀太多了，但你的价值感有显著提升吗？回忆一下，那时的你可能更加快乐。

通过改变现状很难提升价值感。价值感是一种体验，你需要先改变体验，先感受到自己的优点。然后，你的心灵将会逐渐被打开，你会愿意尝试未知、冒险，然后你会发现在现实中你确实可以做得很好，这进一步巩固了你的价值感，形成了良性循环。

除了在现实层面上的努力外，提升自我价值感的方式至少有四种途径。用一个不太恰当的比喻来说，提升自我价值感就像增加自己的财富一样，有四种方法：

开源、节流、索要、掠夺。

前两种方法源于自己，后两种来自他人。

3

自己可以成为价值感重要的来源。

开源，意味着要发现自己的优点。

有些人会对着镜子大声说出"我真的很棒"一千次，但基本上没有什么用，潜意识会立刻跟上一句"瞎说"。因为"很棒"是个模糊的表达，仅仅说自己很棒而不指明具体方面，无法说服自己。

你需要去发现自己在哪些方面出色，比谁出色，怎么出色，为什么这些方面很重要。这四个问题缺一不可。你发现得越多，你的价值感就会提升。

但是，当你发现自己某些方面出色时，同时又说"但是我其他方面很差"，你就在浪费自己的价值感。这时，你需要"节流"，即停止自我否定。

在自我否定中，人们会无限放大"我不够好"这个问题，基于在某一方面不够好，就联想到整个人生都不行了。我曾经跟一位朋友说起另一位朋友的出色之处，结果触发了这位朋友觉得自己不够好的感觉，进而开始怀疑自己是否适合现在的工作。

当你发现自己在某些方面有所欠缺时，你需要用以下三种认知来停止自我否定：我只是在这些方面不够好，截至目前不够好；相对于某个特定的人，我只是在某些方面不够好。

开源和节流的过程并不是自我安慰。你需要通过他人的无意识评价、对更多周围人的观察、客观评估自己现状这三种方式，从而找到真实的答案。

4

仅仅依赖自己是不够的，你还需要他人的帮助。

毕竟现在的人都比较吝啬，喜欢批评他人的比较多，愿意夸奖他人的比较少。因此，你在发现自己的优点方面会遇

四　内在成长，外在收获

到困难。你需要想办法让他人帮助你发现自己的优点。

索要是一种有效的方式。

这个词可能不太受欢迎，但是那些擅长向别人寻求帮助的人，在金钱和心理上通常都比你更富裕。实际上，每个人都需要来自他人的肯定，只是有的人能够主动索取，有的人只能被动等待。

你看我做得好吗？听话吗？懂事吗？没有给你添麻烦吧？这些讨好、委屈的行为其实都在说：请夸夸我吧。讨好的本质就是全力表演完之后，等待他人的评价。

健康的索要是直接要求对方：能不能给我一些肯定？

"掠夺"也是许多人采用的方式。

你可能会通过指责、抱怨、愤怒、高声说话等方式来要求他人停止指责你，并给予肯定。每个人都会尝试以掠夺的方式索取肯定。

有些人可能会觉得通过掠夺获得的肯定不真实。实际上，这是因为你自己没有认可他人的能力而投射出来的观念。你要知道：

敷衍你的人只会说"很棒"，而真心赞赏你的人会说出很多细节。你可以通过这一点来判断赞赏是否真实。尽管不是每个人都能够欣赏你，但如果你多问一些，你肯定能遇到很多欣赏你的人。

我没那么好，也没那么糟

5

有一个核心思想你需要注意，只有这样你才能彻底提升你的价值感：你的价值感对你而言重要吗？

很多人害羞地回避谈论自己的价值感，只想默默地做事情。然而，他们又无法释怀，无意间会去证明、比较、竞争。如果你能感受到自己想要表现出色的冲动，那就要坦然承认这个愿望，并为自己的优秀付出一些时间。

请记住，你的价值感对你而言非常重要。你可以花一些时间，让自己感受到自己的优秀之处。

追求关注却害怕成为焦点

1

有同学提出:"我渴望成为大家的焦点,希望得到他人的关注,但同时当我真的成为焦点时,又感到焦虑和害怕。这种矛盾让我感到非常累,我想知道其中的原因。"

2

首先,被关注并不是一件绝对好的事情。被关注会产生两种可能:
1. 被喜欢;
2. 受到批评或惩罚。

当你成为焦点时,如果别人注意到你的优点,你可能会被喜欢和认可;但如果别人注意到你的缺点,你可能会受到指责和嫌弃。

3

被关注是把双刃剑。

被关注这件事情对于相信自己优秀的人来说,是一种福利;对于相信自己不够好的人来说,就是一种灾难;对于不确定自己好坏的人来说,则是一种矛盾。

因此,这就可以理解为什么你既渴望成为焦点,又害怕被关注。你想成为焦点,实际上是希望展示自己的优点,得到别人的赞美、喜欢、欣赏和接纳等正面情感;而害怕被关注,是因为担心如果表现不符合他人期望,他们会感到失望,从而抛弃你、嫌弃你、要求你或者惩罚你。

你既有亲近的需求,又有安全感的需求。

4

你可以思考一下你内心的逻辑:如果我表现得不符合别人的期望,他们是否还会喜欢我?

如果你能够给出肯定的答案,那么你就能够享受他人的关注;如果你的答案是否定的,那么你需要多加核对和检验,看看是否真的有人开始不喜欢你。这样你就会明白,在何时可以毫不保留地展示自己,在何时需要学会保持低调。

灵活的生活方式就是：在合适的时候展示自己，在必要的时候保持低调。

顺境和逆境,哪个更利于个人成长

1

有同学问道:"顺境和逆境,哪个对个人成长更有利?"。这就好比问:"运动和不运动,哪个对身体健康更有益?"

我们可以看到健身房的宣传都强调运动与健康的正向关系。然而,保险公司的统计数据却显示,职业运动员的平均寿命要比普通人低 15 岁。过度的运动消耗生命。运动与健康之间的关系并非线性,而是呈倒 U 形。适度的运动有益健康,而运动过少或过多都会对健康造成伤害。

2

毒物也是如此,请问服用毒物是否有益健康?当毒物在正确的地方以适当的剂量被使用时,可以成为解药,有益健康。若用错地方或剂量不当，就会成为伤害身体的毒药。

同样地，顺境和逆境对个人成长都有利，但也可能对其产生不利影响——关键在于程度。

3

过度的逆境让人沮丧悲观。

我们见过许多一蹶不振的例子。有些人在工作逆境中无法坚持，选择放弃生活；有些人无法忍受感情上的冲突，选择回避与他人建立亲密关系；有些人年纪轻轻便只想"躺平"。当这些人想要去做一件事情时，他们首先想到的是"我做不好"，然后感到压力、艰难和沮丧。

我曾经有个学生，从小经历了父母的争吵，对婚姻感到绝望。长期的挫折使他对婚姻既渴望又恐惧，无法进入婚姻，也无法安于单身。对他来说，这两种状态都是逆境，难以承受。

过度的顺境会使人盲目膨胀。

顺境会让人对世界产生错误的认识，过度夸大自己的能力，导致在面对真正的挫折时失去抵抗力。这就是为什么有人说人生有三大不幸：年少得志、出身豪门、飞来横财。

我也有个非常优秀的学生，从小就屡次考取第一名，在名校攻读硕士和博士学位，是个典型的学霸。顺境让他认为一切事情都很简单，只要他想做，就能做好。然而，由于过于自信,他的婚姻和家庭状况一片混乱,在工作中也屡遭人际关系方面的挫折,深感沮丧。

4

过度的逆境会使人形成"我无能""我本质不好""我是多余的存在"的认知;过度的顺境则会使人形成"我无所不能""我可以改变世界""世界围绕着我转"的认知。

一旦这些认知形成,就很难进行修正。在相同的情境下,这些认知会被强化。而在不同的情境下,则可能被忽视。

当一个人认为自己不行时,即使他成功,他也会说这只是因为运气好,而不是自己的能力强。当一个人认为自己很行时,他失败了,会责怪他人,而不是承认自己能力不足。

人们会选择性地注意周围的事物,然后选择性地解释这些事物,一次次加强自己内心的信念。

只有恰到好处的挫折才能促使个人成长。这种挫折是指在个人能力范围内遇到的挫折,此时人就有机会反思、锻炼并提升自己的能力。在这种情况下,我们可能感到沮丧和失败,但不至于挫伤自我价值感,也不会影响我们对人生和其他事物的看法。心理学家温尼科特将其称为"适度的挫折",这是个人成长的良好土壤。

四　内在成长，外在收获

5

你可以选择适度的挫折，来让自己成长。

然而，有人认为顺境和逆境是上天赋予我们的命运，不受个人意志的支配，那么该如何选择呢？实际上顺境和逆境，完全是个人的选择。

环境本身是无法改变的，但你可以选择不同的环境。如果你选择与世界首富进行生意谈判，你将经历逆境。如果你选择与我谈生意，你将体验更多的顺境。

当面对无法承受的挫折时，你可以选择放弃并转向一个相对简单的问题，这样你就会体验到顺境。你可以适度选择降低或增加任务的难度，以便给自己适度的挑战。

比如登山，山的高度是不变的。但你可以选择在10分钟内完成登顶，或者花上一整天的时间。这样你就会感受到逆境和顺境的不同。恰当的挫折意味着在你的体力和意愿范围内攀登这座山。

乐观的人会选择调整环境和期望，让自己更快乐地前行，而悲观的人则在挫折中强迫自己努力克服，进而更加沮丧。

我没那么好，也没那么糟

6

许多父母采用"挫折教育"的方式，认为让孩子体验挫折可以促进成长。然而，超出孩子承受能力的挫折只会让他们感到人生无望，充满痛苦。另一方面，一些父母采用"赏识教育"，让孩子觉得自己无论做什么都很出色，这会让孩子自负，无法看清问题的真相。

良好的教育不是制造挫折，也不是刻意创造顺境，而是帮助孩子面对现实，鼓励他们尝试克服困难而不强迫，给予适度的支持而非袖手旁观。

无论对孩子还是对自己来说，当你感到充满活力时，可以适度增加任务难度挑战自己。而当你感到有些吃力时，需要降低任务难度来喘口气。当任务难度无法改变时，可以灵活地转换任务。

7

然而，哪里会有如此完美的刚刚好？这个度该如何把握？"刚刚好"是无法量化的，完全凭感觉。

因此，你应该重视那些你容易忽视的东西：

感觉。

你了解自己的感觉吗？你对自己的感觉是否熟悉？

想要的得不到，很痛苦该怎么办

1

有同学问道："我经常感觉很空虚、无助、抑郁。想要的东西得不到，却无法改变，我该怎么办？"

这个问题让我思考了许久。

是的，谁都会有这样的感受。我也有许多想要却得不到的东西。

人生中十之八九的事情不如意。无法得到的东西，我们是否只能感到无助呢？

2

有些人总觉得拥有的越多，幸福感就会越强。然而，事实上，我们想要的从来都不是外在的某些东西，而且让我们感到幸福的也不是那些东西。真正让我们感受到幸福的是象征。真实的外在拥有只有通过象征才能对我们产生影响。

比如说，我想要拥有一栋别墅。虽然我买不起，但在我的想象中，别墅象征着自由、富足和荣耀。如果我拥有了别墅，我可以像一个成功人士一样，得到周围人的赞许。

当我无法得到时，我就会感到沮丧。尤其当我经过别墅区时，心里想着他们的生活一定很幸福。

如果要改变这种状况，最好的方法就是努力赚钱，买一栋足够大的独立别墅。但显然这超出了我的能力。

因此，我需要向内部寻求改变。

我内心感到空虚，所以需要很多东西来填补。正是那些外在的杂乱限制了我的自由。我回避社交，又感到无聊，因此希望将商场搬回家，这样我的家就可以成为一个小社会。我无法确定自己的价值，所以想要用别墅来证明自己的卓越。

这时候，尽管我买不起别墅，但我赋予它很多象征，它成为我内心的一个愿望，我愿意花费五年、十年的努力去实现它。这种努力使我感到辛苦和绝望。但当我向内部探索时，我发现它在我心中的象征意义，我就会找到内心的替代品。

我拥有了更多实现自由、富足和荣耀的路径。这时，我对别墅的渴望就减弱了，因为我的内心更加充实了。

四 内在成长，外在收获

3

有些人渴望美好的爱情，却无法得到。我会帮助他们探索，爱情对他们意味着什么。然后他们会发现，爱情对他们来说可能象征着被接纳、归属、认可、帮助和支持。

然后，我们将一起思考：他们是如何缺失这些的？他们如何满足这些需求？

有些人在感受到没有某个人的爱时感到非常难过。我会帮助他们探索，这个人对他们的象征意义是什么。然后他们会发现，对他们来说，这个人可能象征着美好的回忆。然后，我们将进一步探讨：他们的生活是否太单调或者有太多挫败，以至于美好只能在回忆中徘徊。

然后我们将讨论如何创造更多美好的当下。如此一来，他们就不会对过去的某个人念念不忘。

有些人特别希望他们的孩子拥有外向的性格、优异的成绩等。我同样会帮助他们探索：这些对他们来说意味着什么。对于一些人来说，如果孩子具有认真的性格，意味着将来可以在社会上立足。我们将进一步探讨：如果孩子的性格不认真，那他是否还有在社会上取得成功的可能性。

当我和他们一起发现更多人生的可能性时，他们对孩子的焦虑也会大大减少。

有些人对自己的某些方面不满意。我同样会帮助他们探索：如果他们拥有这些能力，对他们来说意味着什么。

当一个人的内心充实时，他对外在的执着就会减弱。这并不意味着他不再有物质欲望，而是他发现许多外在的东西都可以满足他内心的充实，而不仅仅是那一两样东西。

4

要获得幸福，最直接的方式是通过努力改变外在环境，拥有你想要的东西。

然而，有时候这条路是非常艰辛的，因为我们并非神仙，我们无法完全改变外在的一切。无论你多么努力，有许多事情在这个世界上就是你无法改变的，有许多东西就是你无法获得的。即使最终能够得到，也需要付出巨大的努力。

当你在现实生活中遭遇挫折时，不妨向内部思考：你对这个外在事物、人物或事件的执着意味着什么？它在你心中象征着什么？然后，除了对外在的这种表象执着，你是否还有其他方法可以实现内心的状态？

你会发现，实现内心充实的方式有无数条，而不仅仅局限于你执着的那一条路。

心理学家维克多·弗兰克尔在纳粹时期因是犹太人被关进了奥斯维辛集中营，对他来说，这象征着失去了自由。许多人因为无法逃离集中营、无法获得自由而感到绝望并死去。然而弗兰克尔不同，他非常清楚，他知道自己真正想要

四　内在成长，外在收获

的并不是离开集中营，而是内心的自由。如果无法离开集中营，那还有什么其他方式可以实现自由呢？

他意识到：尽管他的身体被限制住了，但他仍然可以在思想中体验到自由。因此，即使身体自由被命运剥夺，他仍在内心中实现了自由，并写下了伟大的著作《活出生命的意义》。

你必须时刻记住：

虽然外在的改变有限，但内在的改变有无限的可能性。

其实你并不想要轻松的生活

1

许多人都渴望追求轻松的生活。

轻松其实是世界上最简单、最纯粹的事情之一。要实现轻松的生活,有两个最佳时间点:一个是10年后,一个是现在。这两个时间点对应着两种方法:

1. 设定轻松的条件。

通过现在的努力工作,为将来创造一个可以过轻松自由生活的资本。老一辈人常说"等将来退休了""等孩子长大了",而当代的年轻人则常说"等我攒到钱了""等我……"。这种方式就是把轻松的生活留给未来,在当下选择承受辛苦。我们设定一个条件,在将来达到这个条件后,就可以彻底改变心态和生活方式。

2. 放下承受的辛苦,立即体验轻松。

只要你愿意"躺平",你就能立即感受到生活的轻松。

四　内在成长，外在收获

世界上本来就没有必须完成的事情，也没有必须实现的目标，更没有必须追求的未来。因为有些人不肯放弃，所以世界上才会有"必须实现的未来"。

然而，这两种方法实践起来并不容易。

因为在潜意识中，你可能无法允许自己过轻松的生活。你的潜意识认为轻松的代价比承受苦难和劳累的代价更大，它会保护你，让你继续保持辛苦和劳累的生活状态。所以，无论你如何努力，无论你选择哪种方式，都无法真正过上轻松的生活。如果你选择了方法一，结果可能是"实现了一个目标，然后就能为下一个目标努力了""等我忙完这段时间，我就可以有轻松的时间了"。如果你选择了方法二，结果可能是"躺平45度"，躺躺坐坐也不能真正轻松起来。比起站着辛苦，躺着反而更加辛苦。

一个有趣的现实是：轻松比承受苦难更难。世界上没有承受不了的苦，却有很多享受不了的福。

要实现轻松的生活，并不是要在外部寻找答案，而是要从内心寻找。在潜意识中，轻松被判定为一颗定时炸弹。找到这颗炸弹的方法就是问自己：如果有一天你真的过得轻松了，会有什么不好的后果？

2

轻松的代价之一就是平凡。

一旦你的生活变得轻松，你可能会觉得自己不那么有进步，你可能会有一种停滞不前的感觉。此时，当你看到身边的人不断进步而自己仍停滞不前时，焦虑就会袭来，让你对自己的选择产生怀疑。即使你拥有了很多财富，但如果你将自己与他人甚至与自己做比较，你仍然会感觉自己是平凡的。小时候的教育已经在你内心深处根深蒂固：人生如逆水行舟，不进则退。甚至"进展缓慢就等于退步"这样的想法也会不断困扰你。

我曾遇到许多所谓"躺平"的人，但他们所谓的"躺平"只不过是换了一个赛道继续焦虑。

辞职了，又被家务所累，想要给外人一个好形象。旅游了，又被美图和摆姿势所累，想要在朋友圈展示好形象。虽然脱离了原来的辛苦，但他们用另一种方式继续累着自己。

因此，要实现轻松的生活，其中一个条件就是能够接受自己的平凡。

当然，接受自己的平凡并不是实现轻松生活的唯一要素。我们还需要停止与他人做比较。但是，做比较虽然会让人焦虑、累，但也可能获得一种价值感。做比较、与他人竞争可能很辛苦，但赢了会很爽。获得"我很棒"的感觉会让人感到满足。因此，与他人竞争是不能轻易放下的。除非你有其他方式让自己获得价值感。

不进行比较的前提是，你能够从比较之外的事物中获得价值感。

比如，被爱。当你沉浸在粉红泡泡般的热恋中时，工作和名利都变得不重要了，被爱本身就让你感觉很棒。又如，你有自己的小圈子，大家和睦相处，彼此互爱，无论优秀与否都不重要了。

又比如，去爱。当你为自己喜欢的事业付出，做自己喜欢的事情，照顾你爱的人，这本身就会让你感觉很棒。

在这两种棒的感觉中，你就有可能实现轻松的生活。

3

轻松的代价之二是空虚和孤独。

一旦你的生活变轻松，意味着你有更多的时间去做自己喜欢的事情。然而，"自己是谁？你喜欢做什么？什么能让你开心？"这些问题会浮现出来。由于你对自由和开心感到陌生，很难找到让自己充实的事情，这时空虚感就会产生。

有人说他喜欢跳舞。但当他有时间去跳舞时，突然发现自己又陷入了"自己跳得好不好"和"什么时候能够快速提高"这种上进的追求中，压力袭来，挫败感滋生。他无法让自己安心地享受跳舞的当下，因为在跳舞的当下，他感到孤独，感到自己一个人在做这件事。这种孤独感让他无法获得价值感，不能真正让自己开心，只剩下空虚和孤独。

要实现真正轻松的生活，你需要知道自己喜欢什么。只有你真正喜欢的事情才能给你带来意义感，而意义感可以对抗空虚和孤独。只有带着意义感的轻松才是真正的轻松。

而能够做自己喜欢的事情的前提是，你相信这个世界上有人和你拥有相同的爱好，愿意和你一起做这些事情，会因为你的快乐而快乐，因为你的眼泪而感到悲伤。即使此刻他们不在你身边，但你知道这样的人是存在的。

与志同道合的人建立联系，是对抗空虚和孤独的一种方式。

4

因此，实现轻松的生活方式之一就是：放下比较，从爱与被爱中找到价值。去做你喜欢的事，爱你所爱的人，被爱你的人所爱。与志同道合的人分享快乐和悲伤，享受爱与被爱，如此你会看到世界的多彩。